汚染水海洋放出の争点

トリチウムの危険性

渡辺　悦司
遠藤　順子
山田　耕作

緑風出版

目次 | 汚染水海洋放出の争点

第2章

トリチウム問題の核心〜その人体への影響 127

第3章

トリチウムの危険性は歴史的に隠蔽されてきた 152

第4章

処理水小委員会報告および東電報告批判 161

第5章

環境放射能汚染とウィルス変異の加速化、パンデミック反復の危険性　　　199

はじめに

福島第一原発事故の汚染水を海洋に放出してはならない

　現在、世界は新型コロナウイルスに襲われ、パンデミック（世界的大流行）のまっただ中にある。人類は利潤追求のために、森林を破壊し、石油・石炭・鉄・ウラン鉱石など地下資源を手当たり次第に採り尽くし、地球の生態系を破壊してきた。

　現在のパンデミックも地球生態系の破壊に起因すると考えられる。2009年にアレクセイ・V・ヤブロコフ達によって出版され、2013年に『チェルノブイリ被害の全貌』（星川淳監訳、岩波書店）として翻訳出版された調査報告の11章「チェルノブイリ由来の放射能による微生物層への悪影響」の指摘は重要である。すでに故人となったヤブロコフ氏は11章の序文で次のように書いている。「チェルノブイリ原発事故によって重度に汚染された地域では、調査対象となった数種の微生物すべてが急速な変化に見舞われた。結核菌、肝炎ウイルス、ヘルペスウイルス、タバコモザイクウイルス、サイトメガロウイルス、および土壌細菌が、様々な場面で活発になった。チェルノブイリ微生物相の長期的かつ究極的な帰趨は、我々が今持っている知見より悪いかもしれない。人類をはじめとする哺乳動物に比べ世代交代が速いこれらの微生物に表れている重大な変化は、他の生物種の健康と生存にとって吉兆ではない」。微生物は、放射能汚染・複合環境汚染の影響を極めて受けやすく、それによる突然変異の加速と高毒性のウイルスの出現確率の上昇はパンデミックと深く関係していると考えられる。

　私たち人類は全ての地球上の生命との共存を図り、豊かな地球を再生しなければならない。炭酸ガスCO_2などの温室効果ガスの放出を削減、停止し、地球温暖化を阻止しなければならない。原発や核兵器を廃棄し、人類を戦争と放射線被曝の惨禍から守らなければならない。

この科学的に合理的な方針に背いて、原発を推進した結果が福島原発事故であった。この事故の加害者である東京電力と日本政府は被曝被害を賠償し、その治療費用と経済的損失を当然補償しなければならない。にもかかわらず2021年8月菅政権はコロナ禍の非常事態の下でオリンピックを強行した。治療の必要な罹患者の入院制限までしての強行である。第二次世界大戦以来、福島原発事故などで絶えず繰り返されてきた棄民政策そのものである。

　2011年マグニチュード9.0の東日本大地震で、配管等の損傷、電源喪失で冷却機能を失い3基の原発が炉心溶融を起こした。溶融した燃料デブリが崩壊熱を出し続けているため、融解・変形して臨界になる危険性があり、冷却する必要がある。また、福島原発は地下水が大量に流れており、凍土壁を作っても裾から建屋に流れ込んでくる。こうして原発建屋内の汚染水が毎日400トン以上発生してタンクに貯蔵されてきた。現在200トンと半分くらいに減ったと言われる。現在120万トン以上が貯まり、貯蔵タンクや敷地を拡大しなければならない。それを回避する対策として、日本政府と東京電力は2021年4月13日、福島原発事故による汚染水を海洋に放出することを決定した。日本政府は世界の人々の命と健康に関わる重大な問題を閣議で強引に決定した。国連をはじめ、近隣諸国など国際的な反対の世論、日本の国民、住民の多数の疑問や反対を押し切っての強行決定である。

　とりわけ、決定された「多核種除去設備等処理水の取り扱いに関する小委員会」の海洋放出案は、2018年8月の3会場の公聴会で44名中42名の圧倒的多数が反対した案であった。何のための公聴会なのか。

1　決定された海洋放出案は放射線被曝に関する科学に反し、被曝の危険性を無視した内容である。被曝被害は風評ではなく、被曝による健康破壊など現実に被害をもたらすことこそ危惧しなければならない。原発や再処理工場でトリチウム（三重水素）を含む廃水が海洋に放出された過去の例を挙げて、それが無害を証明しているかのような安全宣伝が日本政府、IAEA（国際原子力機関）によってなされている。しかし、現実はその放出による被曝被害の発生を証明しているのである。

　　例えば、原発の定常運転によって、玄海原発周辺で白血病死、泊原発周辺でがん死の増加が報告されている。そのほか日本や世界の再処理工場や原発周辺の白血病、がんなどの増加が報告されている。トリチ

ウムは危険な放射性物質なのである。日本政府が根拠としているのは、ICRP（国際放射線防護委員会）やIAEAの被曝の被害を評価する実効線量係数が科学的な根拠を欠き、被曝の被害を著しく過小評価するという誤りを利用した欺瞞的な安全論なのである。

2　日本政府、ICRPやIAEAはトリチウム水の危険性を軽視しているが、生体は多くの水素原子からなり、脂肪、タンパク質、糖類、DNAなどの有機分子の水素にトリチウムが置き換わり、有機結合型トリチウムとして体内に長くとどまり、内部被曝で健康破壊を起こす危険性が高い。さらにトリチウムがベータ崩壊するとヘリウムになり、遺伝子の結合が切断されるなどの遺伝的な障害の危険性もある。

3　いかなる形であれ生態系に放出されたトリチウムは循環し、生物にとっては被曝の危険性が増大する。それ故、人類をはじめ地球の生物にとってトリチウムの増加は生存環境の悪化・破壊となる。例えば、その放射線は微生物の脆弱な遺伝子の変異を加速し、パンデミックを促進する。さらにトリチウム水と炭酸ガスから光合成によって炭水化物が作られ、生体にトリチウムが取り込まれる。特に重要なことは希釈して放出しても生態系を通じて濃縮されることである。さらに生物の体内において濃縮され、生殖系を介して後の世代を含めて被曝被害の危険性が避けられない。このトリチウムが濃縮されることが1990年以降のイギリス等で発見された科学的な結論である。日本政府やIAEAはこの重要な真理を故意に無視しているのである。また海洋放出より費用はかかるかもしれないが、トリチウム回収技術も他の貯蔵手段も存在する。

　　日本政府は国民多数の不安と反対の声を無視して40年を超える老朽原発の再稼働を強硬に推進している。建設費の高騰した原発の新増設も諦めていない。経済性の全くない原発を廃棄しないのは核武装のための潜在能力を維持するためである。核兵器の力によって、政治経済力を回復できると考えるのは帝国主義的な競争・対立にとらわれた幻想である。人類がともに協力して豊かな地球を回復することこそパンデミックの世界危機を解決する唯一の道なのである。日本政府は地球をトリチウムなど放射性物質で汚し、生態系をいっそう破壊する海洋放出の決定を撤回すべきである。

本書で主に議論するトリチウムによる被曝はベータ線が主であることからも内部被曝が議論の中心となる。内部被曝は歴史的にIAEAやICRPなど国際的な核を推進する勢力によってマンハッタン計画の昔から、一貫して無視されてきた。放射線被曝にとって、最重要な内部被曝を無視することなしには核を推進することが不可能であったからである。しかし、チェルノブイリ原発事故の大きな被曝被害の下で、ICRPの被曝体系が被曝を隠蔽し、放射線被曝防護の科学にとって無力で有害であることが明らかになってきた。ICRPの体系は、被曝の具体的な放射線による分子の電離機構、損傷される細胞や臓器、免疫やホルモン作用などを捨象して、吸収線量のみを用いて内部被曝を議論するものである。このように内部被曝の具体性を無視するICRPの被曝体系は科学として成立することは不可能である。矢ヶ崎克馬氏が指摘しているように、私たちは具体的に内部被曝を理解する被曝の科学体系を構築しなければならない。

　2021年7月「黒い雨」訴訟に関する広島高裁判決は内部被曝を認め、被曝の可能性のあるすべての人に被爆健康手帳を交付することを命じた。

　本書第1章ではトリチウムの説明から始め、その危険性を細胞や分子・遺伝子にわたって具体的に説明する。ICRPによって宣伝されている、「セシウム137など他の放射性元素に比べ被曝の被害が300分の1〜700分の1だけ小さい」という評価の科学的根拠が存在しないことが示される。被曝被害を過小に評価されてきたトリチウムが逆に他の元素に比べても、より危険であることが示される。

　第2章ではその被害の具体例を詳細に議論する。内部被曝についてもその機構を議論する。

　第3章では被曝被害の歴史を振り返り、福島原発事故の被曝を考察する。

　第4章では政府の見解、特に経済産業省の「多核種除去設備等処理水の取扱いに関する小委員会報告」とそれに沿った汚染水の海洋放出に関する東電報告を批判する。

　最後の第5章で新型コロナウイルスによるパンデミックについてその起源と展望について議論する。特にウイルスの変異の異常な促進と核実験による

11

放射線汚染による被曝との関連が議論される。

2021年10月

執筆分担

第1章　　渡辺悦司

第2章　　遠藤順子

第3章　　遠藤順子

第4章　　山田耕作・渡辺悦司

第5章　　渡辺悦司

第1章

放射線科学から見たトリチウムの危険性

危険度を事実上「ゼロ」とする政府・専門家の虚偽

本章では、放射線被曝の科学から見たトリチウムの危険性を検討する。

　まず、「はじめに」で、日本政府と政府側専門家たちの主張を分析する。それにより、トリチウムを巡る政府側の議論が、科学的検討を行う「前に」、放射性物質としてのトリチウムの危険性は「事実上ない」「ゼロである」、トリチウムは「安全である」という命題をいわば先験的に（アプリオリに）前提していることを明らかにする。このいわば、非科学的と言うより逆立ちし倒錯した「方法論」は、政府側専門家の議論にも貫かれている。

　続いて、第1節では、トリチウムの性質、それが自然的過程の中で、および原子炉内で人工的に、生成するメカニズムを検討し、自然環境中のその生成量・存在量を明らかにする。さらに、第2節では、トリチウムが水素の放射性同位体であるという性質によって生じる、トリチウムの「特別の」危険性を指摘する。人体を構成する原子の6割以上は水素であり、いわば人体のどこにでも存在するが、トリチウムの化学的に水素として機能するこの性質は、トリチウムが人体のどこにでも侵入し被曝させることを可能にするからである。同じことは環境中での挙動についても言える。第3節では、トリチウムの発する β 線がもたらす被曝のメカニズム、とりわけその生物学的半減期および有機結合トリチウム、さらにその主要な「標的」（ターゲット）となりうる生体構成部分、細胞や器官を検討する。とりわけ重要な標的としてのDNAから染色体にいたるゲノムの重要性を強調する。とくにDNAやそれ以外の細胞小器官（とくにミトコンドリア）に対する複雑な損傷［クラスター損傷］が強調される。また、臓器では、脂肪組織、生殖細胞、神経細胞と脳、腸内など常在細菌叢などへの蓄積と損傷が指摘される。あわせて、第3節付論において、日本政府・政府側専門家によるヒトへの遺伝性影響を示すデータが「ない」という虚偽主張についても批判される。

　ここまでは、トリチウム被曝の危険性のいわば「質的」側面であるが、第4節からはその危険性の量的側面の検討に移る。日本政府・政府側専門家たちによるトリチウム被曝リスクの極端な人為的過小評価を指摘する。とりわけ、第5節で、致死線量をベースとするトリチウムのICRP（国際放射線防護委員会）の線量係数の決定過程を検証する。第5節付論では、福島事故原発の汚染水タンク中に大量に溜まっている炭素の放射性同位体、炭素14の危険性を検討する。炭素14も、トリチウムと同様、「特別の」危険性を持ってい

る。しかも、半減期が5700年と極めて長く、環境中に放出した場合、ほぼ永久的に存在し、放出が続けば環境中および生体中に永続的に蓄積されていく。

これらの、トリチウムの放射線化学的危険性を踏まえた上で、第2章の疫学調査と実際の健康被害の分析と検討に読み進めていただけると幸いである。

はじめに——政府・専門家の主張の中に見えるもの

ここでは、トリチウム（三重水素）の放射線の危険性に関する日本政府と政府側専門家たち（以下専門家たちとだけ表記する場合も同じ）の「うそ」を検討する。

汚染水をめぐる日本政府・専門家の基本的立場は極めて単純である。汚染水についてその海洋放出が「危険」であると主張すること、汚染水に大量に含まれるトリチウム（β線）への被曝によって健康影響が生じる「危険性」があるとの見解を表明すること、トリチウムには放射性物質として「危険性」があると評価すること、トリチウムには人間の健康に「危険」をもたらす「可能性」や「リスク」が「ある」と指摘すること——これらすべてが科学的根拠に基づかない「風評」にすぎず、そのような見解の表明や拡散こそが人々に「不必要な恐怖」を煽り「風評影響」や「風評被害」をもたらす「社会的犯罪」行為であるということである。時と場合によって、これを直接表明するか、間接的に示唆するかは異なっているが内容は同じである。

要するに、トリチウム放出の「被害」や「リスク」は、あるとしても「実害」ではなく、このような「風評影響」や「風評被害」だけであるいうのだ。反原発・反被曝・避難者連帯・被災者支援等の運動が、トリチウムは「危険」だと騒ぐから「被害」があるのだというわけである。こうして、結局のところ、トリチウム「危険」論を「トリチウム無害論」「トリチウム安全神話」で塗り隠すことが、政府見解の実質的内容のすべてということになる。

このような主張に対し、「放射線被曝の科学」、すなわち放射線に関する物理学・化学・生物学・医学・疫学・放射線防護学などからなる放射線科学の体系から明らかになるトリチウムの危険性を可能なかぎり全面的に対置すること、それによって政府・専門家の「トリチウム無害論」の主張がいかに虚偽であり危険なものであるかを明確に提示すること、これが本論考の目的で

ある。

　予め指摘しておきたいのは、ここで取り上げる数字は、すべて大まかな概数であるという点である。「生物学的および統計学的不確実性」は、リスクの「有無」の判断を避ける口実にはならないし、ましてや事実上「無リスク」を示唆する口実にはならない（ICRP2007勧告をこの目的で利用しようとしている政府や専門家の危険性について警告しておきたい）。

1　政府閣僚会議の決定文書

　たとえば、2021年4月13日、日本政府が汚染水の海洋投棄を決定した際の「廃炉・汚染水・処理水対策関係閣僚等会議」の文書は、放射性物質としてのトリチウムについて以下のように規定している（文中の番号①〜⑥および下線は引用者が付けたもの）。

　　「トリチウムは、①水素の仲間（放射性同位体）であり、②弱い放射線を出す放射性物質。③トリチウムは、雨水や、海水、水道水など自然界にも広く存在している。④多核種除去設備では、トリチウムを除去することは困難。また、⑤トリチウムは、各国の原子力施設から放出されており、福島第一原発に貯蔵されている全量以上のトリチウムが1年間で放出されている例もあるが、⑥トリチウムが原因と考えられる影響は確認されていない」※1

　政府文書のトリチウムに関する規定はここだけである。だが、この短い規定には虚偽が多く含まれている。その主な内容は番号順に以下の通りである。

①文書はトリチウムが水素の「放射性同位体」であると規定しながら、この規定のもつ特別の意味や危険性やリスクについて全く沈黙している。トリチウムが「放射性同位体」「放射性物質」であれば、当然、放射性

※1　日本政府廃炉・汚染水・処理水対策関係閣僚等会議「東京電力ホールディングス株式会社福島第一原子力発電所における多核種除去設備等処理水の処分に関する基本方針」2021年4月13日付
　　　https://www.kantei.go.jp/jp/singi/hairo_osensui/dai5/siryou1.pdf

物質に伴う「危険性」が「ある」はずである。だが、17ページもあるこの政府文書の中に、「風評」「風評影響」「風評被害」という言葉はざっと数えても50回近く出てくるが、放射性物質であるトリチウムの「危険」「危険性」「被害」「健康影響」「健康被害」は文字通り一言もない。「可能性」の指摘としても一言もない。「魔女狩り」ならぬ「言葉狩り」が行われているわけである。これによって、政府は、実際には、放射性物質としてトリチウムには「危険性がない」といっているのに等しい。

② トリチウムが「弱い放射線を出す放射性物質」であるとはいったい何を言いたいのだろうか？　放射線について「弱い」という言葉は、放射線物理学的には、その放射線の「エネルギーが低い」したがって「飛程（飛距離）が短い」という意味で使われるのが普通である。だが、政府文書は、この「弱い」を一種の「情緒的表現」として利用し、トリチウムは放射性物質ではあるが、それが放出する放射線は人体への影響も「弱く」、危険性は「ほとんどない」「事実上ない」「無視できる」ということを示唆したいように見える。だが、実際には、エネルギーが低く速度が遅い「弱い」放射線は、放射線物理学の法則からは必然的に周囲の分子に対して反応性が高く、生物学的危険度がかえって高い。政府文書は、このような放射線物理学の基本法則[※2]から人々の目をそらし、トリチウムの危険性が事実上「ない」という印象操作をしようとしているように見える。これは極めて危険な「うそ」である。

※2　このことは、放射線取扱主任者試験受験用テキスト（柴田徳思編『放射線概論』通商産業研究社［2019年］）に明記されているし、放射線についての一般向けの一連の解説書にも明確に記載されている。たとえば、鳥居寛之（東京大学大学院総合文化研究科助教）らの著作『放射線を科学的に理解する』丸善出版（2012年）は、「阻止能（エネルギー損失）の大きさ」（ここでは電離効果の大きさ、すなわち反応性と考えてよい―引用者）は荷電粒子の「速度vの2乗に反比例する」と明記している（26〜28ページ）。すなわち、速度が遅くなれば、その2乗に阻止能は増大する。同じ内容は、多田将（高エネルギー加速器研究機構　素粒子原子核研究所　准教授）『放射線について考えよう』明幸堂（2018年）74〜78ページなどにも解説されている。ここでは、もっと明確にこの点を述べた、ジョン・ゴフマン氏の規定を引用しておこう。「（β線・α線のような）荷電粒子の速度が遅くなるにつれて、電離効果は増大する。即ち、β線粒子、α線粒子が電離によりエネルギーを失って減速するにつれ、一段と効率よく電離を引き起こす」（ジョン・ゴフマン『人間と放射線』明石書店［2011年、最初の発刊は1991年］43ページ）、政府文書作成者がこのことを知らなかったとは考えられない。

③「トリチウムは、雨水や、海水、水道水など自然界にも広く存在している」というのも同じ情緒的表現による印象操作である。自然界にも存在するので「問題はない」「危険はない」と言いたいようであるが、実際には、現在自然環境中にあるトリチウムの大部分は核兵器保有国が行ってきた大気圏核実験の残存物であるか、原発や再処理工場によって人工的に排出された環境汚染物である（後述する）。政府は、世界の原発・核推進勢力の一翼として、自ら生み出し、自ら自然を汚染しておいて、そのような「自然界」の汚染を、自分が行ってきたしこれから行おうとしている放射性汚染物放出の正当化に使っている。政府の主張は、すでに汚染物によって自然界は広く満たされているの「だから」、さらに汚染するのも「影響はない」「危険はない」「受忍すべきである」と言っているに等しい。

④「多核種除去設備では、トリチウムを除去することは困難」とは何を言いたいのだろうか？　トリチウムを回収する技術は不可能であるということを示唆したいのかもしれない。だが、現実には回収技術は現に存在する。この点も後述する。

⑤「トリチウムは、各国の原子力施設から放出されており、福島第一原発に貯蔵されている全量以上のトリチウムが１年間で放出されている例もある」というのは放出を正当化するために言っているのであろうが、今後の事態の恐ろしい展開を示唆している。つまり福島に溜まっている1PBq（ペタベクレル、10の15乗ベクレル）規模のトリチウムの年間での放出が「当たり前」のようにありうることを示唆している。つまり、今後予定されている青森県・六カ所再処理工場の本格稼働によるトリチウム大量放出や、今後、原発再稼働がとくに設備寿命40年を超えてさらには60年にわたる老朽原発の稼働[※3]が進んで行った場合に次の大規模原発事故（第2第3の福島級原発事故）必然的に予想されるが、その際、汚染水

※3　「原発60年超運転浮上　建て替え見送り延命頼み」日本経済新聞2021年7月21日は「政府内で原子力発電所の運転期間の（60年超への）延長論が浮上している」と書いている。
　　　https://www.nikkei.com/article/DGXZQOUA15CZB0V10C21A7000000/

を「自由に」放出することが想定されているということである。後で詳しく検討するが、政府が強調している、全世界の原発・再処理工場から環境中に放出されているトリチウムの量は、自然界で宇宙線により生成されているのとほぼ同じ規模にまでなっている。このような事態が自然環境と人間を含む生物界全体に今後何を引き起こすか、この点が注目されなければならない。

⑥ その文の後半、「トリチウムが原因と考えられる影響は確認されていない」は、政府文書や専門家たちによってほとんど常套句のように繰り返されているが、これは明かな「うそ」である。既にトリチウムの影響がエビデンスとしてあることは、本書第2章で詳説されているのでそちらを参照されたい。

2　政府・専門家のその他の「うそ」

このように、海洋放出決定時の政府文書は、「トリチウム安全・安心論」の印象操作を繰り返し、「うそでうそを塗り重ねている」としか言いようがない。政府とマスコミ、政府側「専門家」の言説には、これら以外にも虚偽や一面化が極めて多く見られる。以下にその主要なものを列挙しておこう。

● 人間には「素晴らしい」「見事な」DNA損傷修復機能が備わっており、トリチウムによるDNA損傷が生じても修復されるので問題は起きない。
　　→実際には、修復は完全ではない。これは単純な教科書的知識である。たとえば、放射線によりDNA2本鎖の直接の共有結合（架橋とも呼ばれる）が生じた場合、修復は事実上不可能である。だが、このような架橋は、被曝1Gyあたり150個生じるとされている。さらにトリチウム被曝の場合に多数形成されるDNAの損傷には、修復が困難な「クラスター損傷」が多いのである。修復不全による遺伝子変異、突然変異、がんは現実に生じている。後に詳しく検討する[4]。

※4　青山喬・丹羽太貫編『放射線基礎医学』金芳堂（2016年）207ページ。

●トリチウム水の生物学的半減期は「10日」であり、摂取しても体内からすみやかに排出される。これは、ヒトのトリチウム摂取が100％トリチウム水であり、そのうち3％だけが人体内で有機トリチウムに変化する、すなわち97％はトリチウム水としてすみやかに放出され、有機トリチウムの影響は無視できる、というICRPの現実離れした仮定に基づいている。──→実際には、トリチウム水を摂取した場合、人体内で有機トリチウムが形成され、その体内の半減期はトリチウム水よりさらに長く、500日程度となる。また、人間は、トリチウムを、トリチウム水として摂取するだけでなく、食事により、植物が光合成・化学合成などにより産生した有機トリチウムとしても摂取する。このようなトリチウムの体内滞留期間はさらに長い。

●国の放出基準（6万Bq/L。1リットル当たり6万ベクレル以下）を毎日2リットル生涯飲み続けても健康に影響は「ない」。──→実際には、6万Bq/Lは、染色体異常やDNAの失活が生じると実験的に確認されている最小値のレベル（3万7000Bq/L）を上回る。ICRP線量係数の極端な過小評価（後述する）を考慮すると、1年間など長期に飲用し続けることは、事実上致死量に近いと考えるべきである。

●環境中に放出しても無限に希釈されていき、濃縮も生物濃縮もされない。──→実際には、多孔質の粘土や砂の粒子に吸着されて無機的に濃縮され、さらに植物性プランクトンから始まる生態系の中で生物濃縮される。またトリチウム水として放出されたトリチウムは、有機物に対して親和性があり、環境中で多くの部分が有機結合トリチウム（有機トリチウム）となり、人体にも最初から有機結合トリチウムとして侵入してくるようになる。

●汚染水に含まれる放射性物質はトリチウム「だけ」であり、トリチウムだけが問題になる。──→この言説は虚偽であることがすでに明らかになってしまった。実際にはストロンチウム90、炭素14、ヨウ素129など

多くの放射性核種が含まれる。

● タンクは満杯で増設する土地は「ない」。──→実際には土地は十分「ある」ことは明らか等々。

政府と専門家たちの主張の最近の特徴は、一方的な「決めつけ」である。すでに以前から、トリチウムの危険性は「小さい」「低い」という言い方は、「非常に小さい」や「極めて低い」に変わり、「事実上ない」「無視できる」になっていた。だが、最近では、これもまたいつの間にか、危険あるいは危険性が「ある」という見解はすべて「風評」である、危険あるいは危険性が「ある」という見解の表明は人々の「恐怖をあおる」「社会的犯罪行為」であるとなっているのである。

3　トリチウムの「危険」という言葉の抹殺に協力する専門家たち

政府側専門家たちは、このような立場に立ってトリチウムの「危険」という言葉の抹殺に熱中しているように見える。「魔女狩り」ならぬ「言葉狩り」、その言葉を発する『「危険論者」狩り』である。たとえば日本原子力学会とその関連ホームページはこのような威嚇的脅迫的表現であふれているように見える[5]。だが、これらは、彼らの強さの表現ではない。彼らがトリチウムの危険性について科学的理論的に完全に破綻していることを自己告白しているに等しい。

● 「海洋放出の早期実現にはマスメディアの協力が必要だ」
　http://www.aesj.or.jp/~snw/tritium/tritium-TK01.html
● 「トリチウム内部被曝の恐怖を煽る西尾氏の欺瞞と非倫理性」
　http://www.aesj.or.jp/~snw/tritium/tritium-ad-TK01.html
● 「【玄海原発と白血病】に騙されないで」「玄海町の白血病死多発問題:

※5　たとえば、日本原子力学会 シニアネットワーク連絡会、エネルギー問題に発言する会などのサイト参照のこと。ここでは典型的な例として、河田東海夫・元原子力発電環境整備機構（NUMO）理事の諸論考を挙げておこう。

トリチウムが原因とする森永説の非科学性」

http://www.engy-sqr.com/watasinoiken2/20200913kawatasiryou.pdf

　元原子力発電環境整備機構（NUMO）理事河田東海夫氏の西尾正道氏に対する批判論文「トリチウム内部被曝の恐怖を煽る西尾氏の欺瞞と非倫理性」（追加して「海洋放出の早期実現にはマスメディアの協力が必要だ」も検討する）を見てみよう。（河田氏が批判の対象とした西尾正道・北海道がんセンター名誉院長のトリチウムに関する論考は、同著『被曝インフォデミック トリチウム、内部被曝——ICRPによるエセ科学の拡散』寿郎社［2021年］に収められている）。河田氏の5ページある批判は次の文章から始まっている。これは文字通り「最初の最初」の言葉である。これを見れば、専門家たちの「逆立ちした論理」というべきトリックは一見して明らかになる（番号と下線は引用者による）。

　　　トリチウムを大気や海に放出する場合の安全性については、処理水取り扱いに関する小委員会報告書で、①仮にタンクに貯蔵中の全量相当のトリチウムを毎年放出し続けた場合でも、②公衆の被曝は日本人の自然界からの年間被曝の千分の一以下にしかならないとの試算結果が示されている。③安全上全く問題ないレベルである。④しかるに巷間ではトリチウムの危険性を過剰に煽る言説がネット上などで拡散している。

　河田氏のもう一つ別の論考「海洋放出の早期実現にはマスメディアの協力が必要だ」からも引用しておこう。

　　　⑤度を過ぎた不安情報発信で世の中を乱すのは社会的犯罪だ。……そうした（トリチウムの危険性を過剰に煽る）情報発信の急先鋒は、北海道がんセンター名誉院長の西尾正道氏である。

「安全上全く問題がない」（①および③）

　この河田氏の記述を文字通り読めば、①および③で、福島第1原発の「タンクに貯蔵中の全量相当のトリチウムを毎年放出し続けた場合でも」「安全上全く問題ないレベルである」となる。すなわち現在のタンク中トリチウ

ム「全量」を1年間で放出しても、「安全上全く問題ない」というわけである。東電の推計通りとして約1PBqのトリチウム放出が「安全上全く問題ない」ということなのである。この、約1PBq（最近東電は0.8PBqとしている）のトリチウム「全量放出」が「安全上全く問題ない」という命題が、最初の最初から「前提」されているわけである。つまり、ペタ（10×15乗）ベクレル規模のトリチウム環境放出の放射線科学的な危険性は、「全く」「ない」「ゼロ」であるということがまずもって大前提とされ、1PBqものトリチウム水の「毎年」の放出が「全く」「安全」であるという命題が議論の前に一方的に決められていることになる。

　何より最初に、トリチウム汚染水の全量放出が「安全上問題ない」と何の証明もなく決めつけるというのは「子供だまし」のトリックとしか考えられない。だが、そのような転倒した論理では科学的議論にはならない。同じ論法を使って大学院生が研究論文として何か書けば、普通は即座に「不正」として却下されるであろうが、元NUMO理事が書けば日本を代表する学会の1つで「権威」として通用するのである。言っておくが、この倒錯した論理（今後「河田論法」とでも言うべきであろう）は、NUMO元理事という「肩書き」が目立つ河田氏だけの特徴ではない。すでに検討した政府小委員会の報告書も基本は同じである。

　政府発表では、実際に放出が行われるのは2年後であるという。もしそうなら、なぜ、政府も専門家たちも、この2年間で、タンクに溜まっている汚染水を実際に経口投与する形で動物実験をやらないのであろうか。たとえば、マウスの寿命は2年程度であり、受精・生誕・成長から死亡に到るまでの生涯期間全体について健康影響が観察できるはずである。魚や貝類、海生生物も同じように実験可能であろう。「なぜ行わないのか」「影響が実験結果として現れるからではないのか」、人々には当然疑いが浮かぶであろう。そのような努力を行うこともなく、「安全」という言葉だけを繰り返す政府と専門家たちの精神構造と人格が疑われざるをえない。

放出トリチウムによる「被曝量」について（②の記述の意味）

　河田氏が根拠として上げているデータ②は、「小委員会報告書」とあるだけで具体的ソースが不明である。いま、河田氏の引用の通りの数字だと仮

定しよう。そうすると、事故原発のタンクに溜まっているトリチウム（約1PBq）を放出することによる日本人の年間被曝量は、日本における公衆の自然界からの年間被曝量のおよそ「1000分の1」となる。河田氏は具体的数値を挙げていないが、政府・放射線医学総合研究所のデータによれば自然界からの年間被曝量は約2.09mSv[※6]であるとされている。つまり、自然界からの年間被曝量のおよそ「1000分の1」とは、年間2.09μSv（およそ0.002mSv）ということである。

　いま、被曝すると想定されている「公衆」の数を、日本の人口を1億2600万人とすると、1PBqのトリチウム放出による日本の公衆の集団線量（被曝人口×被曝量）は、約263人・Svとなる。これは、上記の政府・放医研の文書（162ページ）が記載しているリスク係数（がん致死で426〜1460人/1万人・Sv）から計算すると、新たに11〜38人のがん致死が想定されていることになる。

　過去の大気圏核実験の放射性降下物（「死の灰」）による年間被曝量（0.01mSvすなわち10μSv）の約5分の1の被曝量で、年間38人規模のがん「致死」想定は、果たして③の「安全上全く問題ない」レベルだと断言できるであろうか。つまり、河田氏自身が挙げている②のデータ自身が、その通りだと仮定しても、決して「安全レベルではない」こと、明らかに「危険性がある」ことを示しているのである。

「毎年放出」するというモデルの意味

　次に、放出が「毎年」と想定されている意味を考えてみよう。「毎年」の被曝影響の場合、ふつう生涯期間として50年（成人の場合）あるいは70年間（小児の場合）が採られる。そうすると河田氏の言説は、1PBq×（50〜70年）で、およそ50PBqから70PBq規模のトリチウムを放出した場合でも、「安全上全く問題ない」（①および③）という主張に等しい。この50PBqとか70PBqというのは、（後に検討するように）全世界の原発と再処理工場の年間トリチウム放出量に概ね相当する。これを河田氏自身の挙げている集団線量推計②で計

※6　放射線医学総合研究所（以下放医研と略記）編『低線量放射線と健康影響』医療科学社（2012年）23ページ。元データは原子力安全研究協会「生活環境放射線」2011年。
　　現在も降下し続けている過去の大気圏核実験の放射性降下物（「死の灰」）による年間被曝量は0.01mSvすなわち10μSvとされている。河田氏の挙げている年間約2μSvという被曝量は、その5分の1に相当する。決して「無視できる」レベルではない。

算すると、550～2660人のがん致死の増加の可能性が出てくる。この規模の致死リスクが、果たして③の「安全上全く問題ないレベル」だと断言できるであろうか。

地域住民の集中的被曝の危険を無視

先回りして言うと、河田氏は、現在0.01mSv/年（10μSv/年）とされている「裾切り線量」[※7]を持ち出して危険性は「ネグリジブル（無視できる）」だと主張するつもりだったのかもしれない。だが、この言い訳も成り立たない。

河田氏の挙げている場合②の想定は、トリチウムが日本の公衆全体に広く希釈されて人口が均一に被曝する場合を仮定した数字である。実際にトリチウム汚染水の放出が行われば、放出される福島県の沿岸などの特定の地域で住民が集中的に被曝することになるであろう。このような場合、集中的に被曝した地域住民に、②の2μSv/年を超える被曝量が与えられ、いっそう高い確率でがん発症やがん致死が集中することは十分に予想される。住民の被曝量が2μSvの5倍である「裾切り線量」を超えてしまう可能性も十分ありうる。これも河田氏は「安全上全く問題ない」と考えるのであろうか。

「過剰に」「度を過ぎた」（④および⑤）という限定詞の意味するもの

河田氏は④で言う。「トリチウムの危険性を過剰に煽る言説がネット上などで拡散している」と（下線部は引用者が付けたもの、以下も同じ）。ここでは、トリチウムの「危険性」を煽るという言葉に「過剰に」という限定詞がついている。⑤でも河田氏は、西尾正道氏を名指しで、「度を過ぎた不安情報発信で世の中を乱すのは社会的犯罪だ」と述べているが、この「不安情報の発信」という言葉にも「度を過ぎた」という限定詞がついている。

河田氏は、（1PBqから70PBqまでの）トリチウムの危険性が「ある」か「な

[※7] 「裾切り線量」（英語ではde minimis doseあるいはnegligible individual dose）とは、それ以下の線量をもたらす放射性物質は、危険性を無視できるレベルであり、環境中に放出しても問題ないとする線量のことである。これは、2005年原子炉等規制法改正おいて採用された非常に危険な考え方であって、詳しい検討が必要であるが、ここでは指摘だけにとどめるほかない。エリック・ホールほか『放射線医のための放射線生物学』日本語版は原書第4版　篠原出版新社（1980年）550ページ、英語版 *Radiobiology for the Radiologist* 第7版264ページ。英語最新版（第8版）は以下のサイトで読むことができる。
　https://www.academia.edu/39229645/Radiobiology_for_the_Radiologist_eighth_edition

い」かの問題を提起し、危険性は「ない」という結論を導いている。危険性が「ない」のであれば、危険性の程度の問題は決して出てこない。したがって、危険性が「ある」という前提に基づく危険性の「程度」の限定詞は、河田氏の本来の主張（「ない」）に真っ向から矛盾しそれを全否定するものである。トリチウム放出の危険性が「ある」ということを前提にしなければ、「過剰」かどうか、「度を過ぎた」かどうかという「程度」の問題は本来生じない。「論理」以前の「二律背反」だが、その説明はどこにも見当たらない。あるのは、「ない」を前提にした、一連の誹謗中傷の文句だけである。

　また、いまもし河田氏の言説をそのとおりだと仮定すると、河田氏は、「過剰」では「ない」、「適切な」あるいは「真実」と河田氏が考えるところのトリチウムの「適度の」危険性についてまずもって提示しなければならない「はず」である。だが、それなら「度を過ぎない」「適度の」「不安情報」（河田氏の立場に立って言えば「リスク情報」とでも言うべきであろうが）とは何か、をまずもって説明しなければならない「はず」である。だが河田氏の論考のどこにもそのような内容はない。

河田氏による北海道がんセンター名誉院長に対する名誉毀損について

　河田氏の論理はこうである。「タンクに貯蔵中の全量相当のトリチウムを毎年放出し続けた場合」でも「安全上全く問題ない」という命題（上記①および③）が（何の検証もなしにだが）議論の大前提とされれば、誰かが（ここでは西尾正道氏が）トリチウムの「危険性」が「ある」という主張すれば、本来「安全上全く問題ない」ものを「危険」だとすることになり、人々の「恐怖を煽る」「欺瞞」となり、「不安情報の発信」になり、「非倫理」的な「社会的犯罪」となるというわけである。

　だが、「独立行政法人国立病院機構・北海道がんセンター名誉院長」という公的社会的立場の人物に対して、具体的に特定せずに「社会的犯罪」者呼ばわりすることは、客観的に見て、西尾氏に対する「名誉毀損」を成立させうる不法行為であろう。それは西尾氏個人にとどまらず、西尾氏を名誉院長に任命した、公共的組織としての独立行政法人国立病院機構・北海道がんセンターに対しても同じである。

専門家たちのもっと深い「犯罪」について：嘘を言っているのは誰か

実際には「社会的犯罪」は政府と専門家の側が行っている深刻な不法行為であると言わざるを得ない。

本来であれば、「過剰でない」「度を過ぎない」「適度の」リスクとして、河田氏が挙げるべきであったのは、河田氏の線量評価の数字②であった「はず」であろう。そこからは河田氏の③「安全上全く問題ない」という評価は出てこない。出てくるのは、程度の如何は議論の余地があるが、トリチウムの「被曝リスク」「危険」は現実に「ある」という事実である。

だが、河田氏や日本政府はどうしてそれを認めないのだろうか。②を採れば、日本政府と専門家たちは、結局、毎年で最大38人、生涯期間で最大2660人程度のがんによる致死リスクの想定を認めることになるからである。もちろんこれは彼らにとっては「わずか」であり「統計的ノイズ」程度かもしれない。だが、それでもトリチウムの「危険」は認めることになる。「安全上全く問題ない」とは言えなくなる。危険なものであることを知った上で「安全上全く問題がない」としてトリチウム被曝を日本社会に押しつけ、それによって健康被害やとりわけ致死被害が出れば、それは「未必の故意」による多数の住民に対する傷害および傷害致死あるいは殺人という「社会的犯罪」である。

後に検討するが、ICRPの集団線量のリスク係数は、極めて大きく——およそ8分の1から50分の1に——過小評価された数字である。この場合は、実際には2万〜13万人に達してもおかしくないわけである。それでも、専門家たちが、トリチウムの「危険」や「危険性」や「健康被害の可能性」を何が何でも隠蔽し、あり得る「危険」「被害」「リスク」すべてから人々の目をそらそうとするならば、客観的にはトリチウム放出による「大量殺人」を事実上容認するという重大な「社会的犯罪」を犯そうとしているのではないか、と疑われても当然である。

本項の最後に先回りして言えば、西尾正道氏は、放射線と放射線医学の専門家として、ICRPとともに原子放射線の影響に関する国連科学委員会（UNSCEAR）を、核開発・原発推進のために「科学」を歪め「エセ科学」に堕していると厳しく批判している——それはまったく正当な評価である——が、そのUNSCEARやICRPでさえ、トリチウムの1PBq規模の放出、さら

には50 〜 70PBq規模の放出が、「安全上全く問題ないレベル」であるとは
決して規定していない。日本政府や河田氏らの専門家たちは、この意味で
「ICRP・UNSCEARに違反」していると批判されても仕方がない。この評価
についても後に詳しく検討する。

　われわれは、前著『放射線被曝の争点』緑風出版（2016年）において、放射性トリチウムの危険性とその健康被害について概説した（第2章「トリチウムの危険性——原発再稼働、汚染水海洋投棄、再処理工場稼働への動きの中で改めて問われる健康被害」）。以下は、その第1節の概要をベースに書き加えたものである。

1　トリチウムとは何か？

　[水素の同位体] トリチウム（三重水素）は、水素の同位元素（同位体）であり、原子核が陽子1個と中性子2個から構成される。通常の水素原子が正の電荷をもつ陽子1個と負の電荷をもつ1個の電子からできているのに対して、トリチウムは電荷をもたない中性子2個を陽子に加えて質量数3の原子核を持つ。中性子1個を水素原子に加えた場合の水素原子がデューテリウムあるいは重水素と呼ばれるのに対して、トリチウムは三重水素とも呼ばれる。中性子と陽子はほぼ重さが等しく、電子はそれら陽子、中性子に比べて約1800分の1の重さなので、トリチウムは通常の水素より3倍重い水素原子である

図1-1　水素の同位体とトリチウム

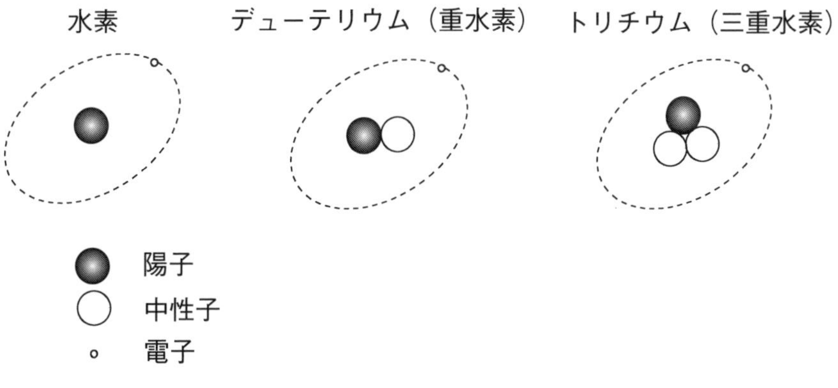

水素　　　デューテリウム（重水素）　　トリチウム（三重水素）

● 陽子
○ 中性子
。 電子

図 1-2 トリチウムの β 崩壊の概念図

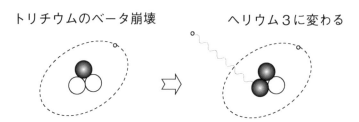

トリチウムのベータ崩壊　　　　ヘリウム３に変わる

中性子の１つが電子（ベータ線）を放出して陽子に変わる

表 1-1 原発運転や原発事故に関連して問題となる主な放射性物質の半減期

核種	半減期	主要生成物質	備考
トリチウム（水素3）	12.3年	ヘリウム3	
炭素14	5700年	窒素14	（後述）
カリウム40	12億5000万年	カルシウム40	代表的な自然放射能
コバルト60	5.27年	ニッケル60	
クリプトン85	10.8年	ルビジウム85	希ガス
ストロンチウム89	50.6日	イットリウム89	
ストロンチウム90	28.8年	イットリウム90	
イットリウム90	2.67日	ジルコニウム90	
ヨウ素129	1570万年	キセノン129	
ヨウ素131	8.02日	キセノン131	
ヨウ素132	2.295時間	キセノン132	
ヨウ素133	20.8時間（8.3日）	Xe133m（Cs133）	3段階壊変（半減期は合計）
テルル132	3.20日	キセノン132	
キセノン133	5.25日	セシウム133	希ガス
セシウム134	2.07年	バリウム134	
セシウム137	30.2年	バリウム137	
ウラン235	7億400万年	壊変系列	
ウラン239	45億1000万年	壊変系列	
プルトニウム239	2万4400年	壊変系列	

出典：日本アイソトープ協会『アイソトープ手帳 12 版』、Wikipedia 各項目

（図1-1）。

[水素の唯一の放射性同位体] トリチウムは水素の放射性同位体としては唯一の存在である。トリチウムは水素の同位体として不安定であって、β線（電子）を放出して壊変し（β崩壊）、安定したヘリウムの同位元素（ヘリウム3）に変わる（図1-2）。

[半減期] 放射性物質としてトリチウムの半減期は12.3年である。他の放射性物質と比較して決して短いというわけではなく、長期的な影響が問題になる（表1-1）。

[トリチウムβ線のエネルギー] トリチウムの発するβ線は、他の放射性物質と比較してエネルギーが低いが、このことは決して危険性が低いことを意味しない。この点がトリチウムの危険性をめぐる最大の争点の1つである。
　トリチウムの発するβ線のエネルギーは最大18.6keV、平均5.7keVである。他の核種の放出するβ線のエネルギーと比較すると、相対的に低い（表1-2にエネルギーの低い順に記載してある）。

[トリチウムβ線の飛跡] トリチウムのβ線のエネルギーが相対的に低いことはその飛跡あるいは飛距離が短いことに表れている。トリチウムのβ線の飛跡あるいは飛距離は、細胞内で最大7μm、平均1μm程度である。ヒトの細胞の大きさはおよそ6〜25μm程度であるので、トリチウムβ線の飛程がほぼ1つの細胞内に収まること、放射線の破壊的影響もまた1個の細胞の中に集中的に生じることを意味する。核融合特別研究総合総括班『トリチウム資料集・1988』は、トリチウムβ線の飛跡とヒトの細胞との大きさを対比した図を掲載している（図1-3）。同書の意義については後述する。

[トリチウムβ線の飛跡の特徴] β線の飛跡の特徴として、いろいろな原子にぶつかって曲がり、コンプトン効果によってX線や二次電子を放出しながら飛ぶという性質がある（図1-4）。この結果、主飛跡による生体分子の直接的（すなわち電離作用による）影響、および間接的（すなわち活性酸素・フリー

表 1-2　β 線を発する主な核種と放出 β 線のエネルギーの比較（単位：keV）

核種	エネルギー（最大）	備考
トリチウム（水素3）	18.6	平均5.7（平均エネルギーは最大の約1/3*）
ヨウ素129	150	
炭素14	156	
イオウ35	168	
コバルト60	318	
キセノン133	346	
セシウム137	512	2段階壊変:94.6%
ストロンチウム90	546	イットリウム90に壊変後さらにβ崩壊
ヨウ素131	606	
炭素11	960	陽電子崩壊
セシウム137	1,174	1段階壊変:5.4%
モリブデン99	1,230	
カリウム40	1,311	β崩壊は89%
ストロンチウム89	1,460	
リン32	1,710	
モリブデン101	2,200	
イットリウム90	2,280	ストロンチウム90壊変の第2段階
ラジウム226（参考）	4,784	a線を放出し壊変
プルトニウム239（参考）	5,157	a線を放出し壊変
ラドン222（参考）	5,490	a線を放出し壊変
医療照射用電子線	10,000 ～ 15,000	加速器による生成の場合

注記：最主要の崩壊形態の場合のエネルギー
※各核種について当てはまる。
出典：Wikipedia と Atomica の各項目より筆者作成。

ラジカルによる）影響に加えて、二次的な X 線や電子線によって直接的および間接的な追加的損傷が生じる。

　［スパー（スプール）の生成］生体内で放射線は、その飛跡に沿って断続的にイオン化（電離）を起こす。それにより「イオン、ラジカルなどの集合体」であるスプール（スパー）が、「小さなガラス玉を糸でつないだような形で」できるとされている（柴田徳思編『放射線概論　第12版』通商産業研究社、278 ～ 279ページ）。スパーは1個の直径が数nm ～ 10nmであるが、接近して生じると円筒型（トラックと呼ばれる）を取ることもあるとされている（勝村庸介・工藤久明著『放射線化学』丸善出版、61 ～ 63ページ）。図1-5にこのスプールあるいはスパーの概念図を示しておこう。

図1-3 トリチウム β 線の飛跡とヒトの細胞との大きさの対比

(1) トリチウムの β 線と細胞の大きさ（楕円：外から細胞全体、細胞核、DNAなど水以外の構成物質の大きさを表している）とトリチウム β 線の飛跡の長さ（矢印により表されている）の模式図

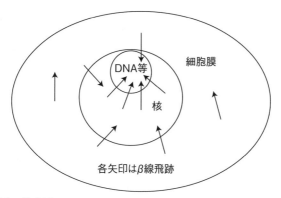

(2) γ 線の場合の模式図（γ線は矢印によって表されている、細胞内の円状の図形が表すものについては上と同じ）

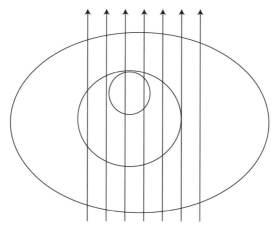

　このように、反応性に富むイオンやラジカルは、集団あるいは塊りとして、クラスターとして生じることがわかっているが、このことは飛程が1000nm程度と短いトリチウムの β 線では、スパーが極めて密に生じる可能性が高いことを示している。

　スパー内のイオンとラジカルによる化学反応についてはここで論じることはできないが、勝村氏らの教科書から基本的な図だけを挙げておきたい

図1-4　β線の軌跡と二次電子およびX線の放出
　　　の概念図

電子

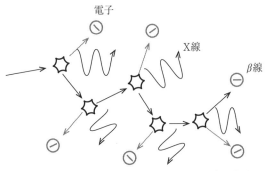

X線

β線

β線は自分自身が電子なので、衝突によって自分も跳ね返されながら、ジグザグに進み、方向を変えるたびにX線を放出する。

出典：多田将『放射線について考えよう』明幸堂（2018年）

（図1-6）。

　これらのことから、エネルギーの低く飛程の短いトリチウムβ線が、直径2nm（周囲の水和殻を入れると直径4nm）のDNA2本鎖にヒットした場合、エネルギーの高く飛程の長い他の核種のβ線やγ線の場合に比較して、複雑な損傷（いわゆるクラスター損傷）を生じやすいということは明らかである。この点に関しては、後に詳しく検討しよう。

2　トリチウムの発生源

　トリチウムに関する政府・専門家のうその一つは、トリチウムが自然界でも生成されているので、危険性は低く、事実上無視できるというものである。さらには、現存するトリチウムの大部分が自然生成のものであると示唆するような議論も存在するが[※8]、これもミスリーディングである。ここでは、トリチウムの発生源と環境中の現存量（インベントリー）を、政府が発表している資料をベースに検討しよう。

　[宇宙線など] トリチウムは自然の中で宇宙線と上層の大気の反応などに

[※8]　たとえば、日本放射化学会編『放射化学の事典』朝倉書店（2015年）は、1950～1960年代の「核実験による放出量は天然トリチウムの存在量の200倍以上と推定されている」とした上で、雨中のトリチウム濃度の推移を例に挙げ、「現在は天然の濃度に戻ったと考えられている」と書いている（214ページ）。この文の後半「現在は天然の濃度に戻った」というのは、下に検討するように、事実に反する。同書のような書籍にしてこの調子なのである。

図 1-5　スプールあるいはスパーの概念図

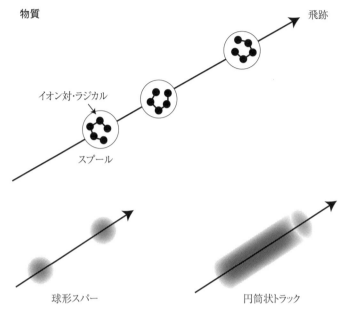

注記：スパーの直径は数 nm ～ 10nm 程度とされている。
出典：（上）柴田徳思編『放射線概論　第 12 版』通商産業研究社（2019 年）279 ページ
（下）勝村庸介・工藤久明『放射線化学』63 ページ

図 1-6　水分子がイオン化、励起してからの挙動を時間軸にした概略図

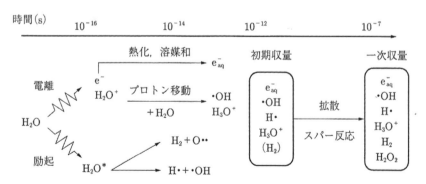

出典：勝村庸介・工藤久明『放射線化学』丸善出版（2020 年）60 ページ、引用者編集
注記：e_{aq}^- は水和電子を表している（水分子の隙間に捕らえられた電子で反応性が高い）。
　　　H_3O^+ はヒドロニウムイオンを表している。スパー内で色々なラジカルが生じ、周辺の分
　　　子と反応する。

より生成される。

- ●窒素（陽子7個・中性子7個）＋中性子→炭素（陽子6個・中性子6個）＋ト
リチウム（陽子1個・中性子2個）、
- ●水素（陽子1個）＋中性子→重水素（陽子1個・中性子1個）＋中性子→ト
リチウム（陽子1個・中性子2個）

などの過程により生成する。

[原子炉内での反応1：三体核分裂]

トリチウムは、原子炉内で、ウランが（MOX燃料が使用される場合はプルト
ニウムも）三体核分裂する際に、最小核分裂生成物の1つとして生じる（図
1-7）。

このようにして生じるトリチウムは、大部分が、使用済み核燃料棒の中
に閉じ込められた状態で留まっている。事故で燃料棒が破損した場合や福島
原発事故のように燃料棒が融解した場合には、環境中に漏れ出すことになる。
また、再処理工場では、使用済みの核燃料棒を細かく切断する工程を経るが、
それによって燃料棒中に閉じ込められていたトリチウムが大量に漏れ出すこ
とになる。

[原子炉内の反応2：冷却水の化学制御剤と中性子の反応]

原発では、燃料棒の核反応を制御するために、制御棒に加えて、化学的制
御剤としてホウ酸（ボロン）が使われている。また冷却水のpH調整（冷却
水により原子炉材料が酸化されて腐食されるのを防止する薬剤）としてリチウムが
使われる。ホウ素（ボロン）やリチウムのイオンは中性子と核反応を起こし、
必然的にトリチウムが生じる。主な反応は以下の通りである。

- ●ホウ素（ボロン）原子（陽子5個・中性子5個）＋中性子→ヘリウム原子（陽
子2個・中性子2個）×2 ＋ トリチウム原子（陽子1個・中性子2個）
- ●リチウム原子（陽子3個・中性子3個）＋中性子 → ヘリウム原子（陽子2
個・中性子2個）＋トリチウム原子（陽子1個・中性子2個）
- ●リチウム原子（陽子3個・中性子3個）＋中性子 →リチウム7原子（陽子3
個・中性子4個、リチウムの同位体）
- リチウム7原子（陽子3個・中性子4個）＋中性子→ヘリウム原子（陽子2

図 1-7 三体核分裂の概念図

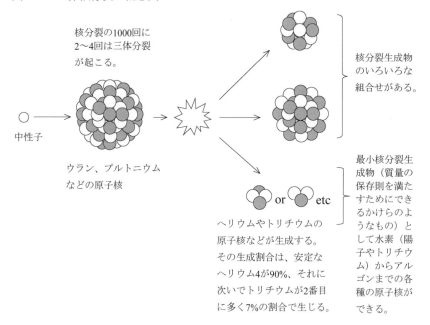

核分裂の1000回に
2〜4回は三体分裂
が起こる。

中性子

ウラン、プルトニウム
などの原子核

核分裂生成物
のいろいろな
組合せがある。

or etc

ヘリウムやトリチウムの
原子核などが生成する。
その生成割合は、安定な
ヘリウム4が90%、それに
次いでトリチウムが2番目
に多く7%の割合で生じる。

最小核分裂生
成物（質量の
保存則を満た
すためにでき
るかけらのよ
うなもの）と
して水素（陽
子やトリチウ
ム）からアル
ゴンまでの各
種の原子核が
できる。

個・中性子2個）＋**トリチウム**（陽子1個・中性子2個）＋中性子

　これらの反応によってトリチウムが冷却水中に生じる。このようにして生成したトリチウムは、原子炉の定期検査の際、蓋を開けて燃料棒の交換が行われる時に、蒸気あるいはガスとして、また冷却水と共に、環境中に放出される。とりわけ、原子炉が相対的に小さい加圧水型原子炉（PWR）では、沸騰水型原子炉BWRに比較して、核反応の化学的制御に大きく依存しており、ホウ酸の投入量も大きい[9]。このため、PWRでは、BWRに比べて桁違いに大きい量のトリチウムが放出される[10]。

※9　神田誠ほか『原子力教科書　原子力プラント工学』オーム社（2009年）に解説がある。

※10　原子力安全委員会（当時）「発電用軽水型原子炉施設の安全審査における一般公衆の線量当量評価について（1989）」は、110万kw原発について年間の液体トリチウムの放出量を次のように想定している：
　加圧水型PWR：7.4×10の13乗Bq＝74テラ（兆）Bq/年
　沸騰水型BWR：3.7×10の12乗Bq＝3.7テラBq/年

[原子炉内の反応3：水（重水）と中性子との反応]

　水（の水素）と中性子との核反応により、水→重水→トリチウム水が生じる。これは、大気圏上層での反応と同じである。

● 水H_2Oの水素（陽子1個）＋中性子 →重水素（陽子1個・中性子1個）

　　重水HDOの重水素（陽子1個・中性子1個）＋中性子 →トリチウム（陽子1個・中性子2個）

　この反応による生成率は一般には低く、1および2の反応が主要であろうと考えられる。ただし、中性子の減速剤として重水を使う重水炉（CANDU炉や新型転換炉［ふげんなど］）では、この反応により、一般のPWRやBWRより多くのトリチウムを発生する。原子炉をもたない核施設、たとえば加速器、リニアコライダー、核融合研究施設などにおいても、この反応などにより、稼働によりトリチウムが生成する。

[生成したトリチウムはほとんどそのまま放出されている]

　トリチウムをめぐる最大の問題の1つは、人工的に生成したトリチウムが、放射性物質であるにもかかわらず、希釈されるかどうかにかかわらず、基本的にはすべてが環境中に放出されていることである。すなわち、生成したトリチウムは、総量制限なしに無際限に廃棄され、環境汚染を積み上げ続けているわけである。

3　環境中の生成量と現存量（インベントリー）

[トリチウムの自然的な生成量と存在量]

　人工的源泉を除いた自然的な発生量は、年間7×10^{16}Bq（70PBq）とされ、自然的存在量は$1 \sim 1.3 \times 10^{18}$Bq（1000〜1300PBq）と推計されている[※11]

[トリチウムの人工的な生成と現存量]

　現在のトリチウム存在量の大部分は、人工のトリチウムである。人工トリ

※11　多核種処理設備等処理水の取扱に関する小委員会事務局「トリチウムの性質等について」
　　https://www.meti.go.jp/earthquake/nuclear/osensuitaisaku/committtee/takakusyu/pdf/008_02_02.pdf

チウムの生成の歴史を振り返ってみよう。単位はややこしいのでできるかぎりペタベクレル（PBq、ペタは10の15乗）に統一する。以下、その主要な数値である。

(1) **原爆投下**によるトリチウムの放出は、広島原爆でおよそ1.1×10^{16}Bq ＝ 11PBqと推定されている（UNSCEAR2000）。

(2) **核実験**は、自然的な生成量を大きく上回るトリチウムの最大の放出源である。水素爆弾（水爆）では、重水素やトリチウムの核融合反応を爆発力増強のために利用するので、トリチウムの放出量は桁違いに大きい。水爆を含む核実験全体（2379回うち大気圏502回、総出力530Mt［メガトン］うち大気圏440Mt）では、累積して、2.4×10^{20} ＝ 24万PBq（UNSCEAR1993）、あるいは1.86×10^{20}Bq ＝ 18万6000PBq（UNSCEAR2000）が放出されたと推計されている。大気圏での1Mt当たりの放出量はおよそ423〜545PBqである。核実験による放出の規模が、自然的な生成（年間70PBq）に比較して桁違いの大きさであることがわかる。現在、核実験による大量放出からすでに30〜50数年経過しているので、核壊変による減衰によって当時のトリチウム量が大まかに現在32分の1となっていると仮定しても、核実験による放出の残存量だけで、およそ5.8〜7.5$\times 10^{18}$Bq（5800〜7500PBq）となる。これは、自然的な発生源によるトリチウム現存量1.0〜1.3×10^{18}Bq（1000〜1300PBq）よりもはるかに大きい（4.5〜7.5倍である）。政府や政府側専門家に見られる、現在の自然中のトリチウムが大部分自然発生したものであるというような言説は、このことからだけでも決して成り立たない。しかも実際には、これに、以下に検討する世界の原発や再処理工場、核施設からの人工トリチウムの放出が付け加わる。

(3) **核兵器工場**では、水爆製造過程で莫大な量のトリチウムが生産され、その一部は環境中に漏れ出してきたと考えられる。アメリカは、サバナ・リバー・サイトで、操業開始の1955年から施設閉鎖の1988年までに総計225kgの核兵器用トリチウムを生産したと報告されている（Wikipedia

「三重水素」の項目）。これをBqに換算※12するとおよそ25万PBqとなる。1プラントだけで核実験による全放出量（24万PBq）にほぼ匹敵する。

　世界全体の推計を見つけることはできなかったが、上記のデータに、ロシアや中国の数字を加えれば、現在までにおそらくトン規模のトリチウムが製造されているものと思われる（核融合施設用のトリチウム生産も含まれる）。このほんの一部が環境中に漏出したとしても大変な量となることに注意が必要である。ちなみにトリチウムによる人間の致死量は、極めて過小評価された数字であるが、それでもわずか1mg［110GBq］とされている（これについては後に詳しく検討する）。

(4) 原子力発電所および再処理工場からの放出。

　これは、少し詳しく検討しよう。

　日本政府の多核種除去設備等処理水の取扱いに関する小委員会（以下処理水小委員会）資料「トリチウムの性質等について」には、「世界の原子力発電所等からのトリチウム年間排出量」が図として記載され、トリチウムが世界中で大量に放出されているというイメージが作られている。しかし、この推計には、一部の国の一部の原発の放出量しか含まれておらず、さらに気体での（トリチウム水蒸気および元素ガスでの）放出量が未記載のケースも多いことがわかる。それでも、それらを合計すると約20PBq/年という相当な数字となる（小委員会は、多くの官僚も専門家も抱えているのに、誰も合計しなかったのだろうか、それとも都合が悪いので公表しなかったのだろうか）。

　日本放射化学会が掲載しているUNSCEAR2008のデータ（基準年は2002年、表1-3）から計算すると、単純合計で約27PBqである。これを、イアン・フェアリー氏および中部電力のデータで原発の大気中放出量を補正するとおよそ45〜49PBq/年程度となる（表1-3の注記参照）。ここではおよそ50PBqとしよう。最低限この規模の数字であることはほぼ確かであろう。この規模は、毎年、広島原爆程度の「小型核爆弾」約4発分を大気圏で爆発させているに等しい放出量である。

※12　落合栄一郎氏が引用している、「100Bqを与える放射性物質の重量」からトリチウムの重量（9.3×10⁻¹⁴g）により計算した（『放射能と人体』講談社［2014年］57ページ）。

表 1-3　世界の主な原発・再処理工場からのトリチウムの排出量推計（2002 年）

核種	原子力発電所 （単位Bq）		再処理工場 （単位Bq）	
	大気	液体	大気	液体
希ガス	6.4×10^{15}		3.5×10^{17}	
トリチウム	3.1×10^{15}	8.3×10^{15}	3.2×10^{14}	1.5×10^{16}
炭素14	5.3×10^{13}		1.8×10^{13}	2.1×10^{13}
ヨウ素131	4.7×10^{10}			
ヨウ素129			2.6×10^{10}	2.1×10^{12}
セシウム137			4.8×10^{8}	8.7×10^{12}

出典：日本放射化学会編『放射化学の事典』朝倉書店（2015 年）198 ～ 9 ページ。元データは UNSCEAR2008 報告書の 2002 年のデータとされている。

注記：このデータによれば、原発と再処理工場のトリチウム放出量の合計は 27PBq/ 年となる。ただし、大気中への放出量は国連に未報告の国も多く、実際の放出量はこれよりかなり多いと思われる。再処理工場からの放出量については、ロシアと中国のデータが全くか十分に入っていない可能性が高い。日本政府小委員会発表のフランスのラ・アーグの放出量（13.8PBq、2015 年）と比較すると、これだけで全世界の再処理工場からの放出量の 9 割以上を占めることとなり、いかに測定年が違うといえども極めて不自然である。ここでは、ロシア、中国やその他諸国の再処理工場の放出量をラ・アーグと同じと仮定し、再処理工場放出量を全世界で 28PBq/ 年としよう。原発については大気中放出量／液体放出量の比率が約 3 分の 1 程度で少なすぎるように思われる。この比率は、イアン・フェアリー（Tritium Hazard Report、9 ページ）では大気中放出量の方が多く、約 1.5 倍、中部電力推計（「放射性廃棄物の管理状況」[※13]）ではおよそ 1 倍であるので、これらを基に計算すると原発の放出量は 17 ～ 21PBq/ 年となる。合計で総放出量は年間およそ 45 ～ 49PBq と考えることができる。

　いずれにしろ、この放出量からも、大気中のトリチウム濃度が、大気中核実験が停止された以降も大きくは低下せず、核実験開始以前よりも極めて高い水準にあることの現実的基礎が理解できよう（図1-8）。

　再処理工場では、使用済核燃料棒を裁断し溶解するため、中に閉じ込められていた大量のトリチウムが放出される。

　六カ所再処理工場では、試験稼働中の2007年に放出したトリチウムは、年間1.3PBqに達した。福島事故原発のタンクに溜まっている全量を上回る。再処理工場本格稼働時の計画放出量（管理目標）は年間20PBq（液体18PBq＋気体1.9PBq）という驚くべき水準に設定されている（2018年には日本原燃は管理

※13　Ian Fairlie, *Tritium Hazard Report*, Greenpeace.2007
　　　中部電力のＨＰにある。https://www.chuden.co.jp/energy/nuclear/hamaoka/hama_about/hama_jisseki/hama_haikibutsu/

図1-8　大気中のトリチウム濃度の歴史的推移──原爆・核実験の以前より２桁以上高い水準にある

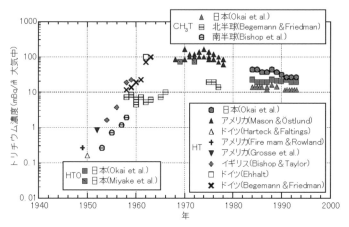

図1　大気中のトリチウム濃度の経年変化

[出典] 百島 則幸ほか：トリチウムの影響と安全管理 日本原子力学会誌 39(11), p.924 (1997)
出典：https://atomica.jaea.go.jp/data/pict/09/09010308/02.gif

目標を約10PBqに引き下げたとされているが、経産省は国会答弁で20PBqの方の数字を使っており、ここでは10 〜 20PBqとする）[14]。

　先回りして言えば、その意味では、小出裕章氏が鋭く指摘するように、トリチウム放出「無害論」「安全安心論」の議論は六カ所再処理工場の本格稼働が「本命」なのである（筆者への私信による）。

無視されている未測定のスパイク放出

　ただ、原発からのトリチウムの放出量は、液体での数字は公開されている場合が多いが、大気中への気体・水蒸気の形態での放出は測定そのものがなされていないか、公開されていない場合が多い。このことによりトリチウム放出量の不確実性はさらに大きいものと考えるべきであろう。

※14　http://kakujoho.net/npt/tritium6ks2.html など

さらに、フェアリー氏が指摘しているように[※15]、気体放出では、原発の定期検査時に原子炉の蓋を開けたときなどのガス状トリチウム（トリチウム水蒸気・トリチウム水素ガス）の一挙的な大量放出（「スパイク」「サージ」などと呼ばれる）が生じるが、そのような突発的な大量放出は、計測されること自体が稀であり、放出量統計に含まれていないと考えるべきである。

以下に「放出スパイク」として観測されたドイツのグルンドレミンゲン原発C号機からの希ガスのサージ状の放出事例を掲げておこう（図1-9）。ガス状のトリチウム（元素ガスと水蒸気）は希ガスと同時に放出されると考えられるので、トリチウムについてもスパイク的な放出が生じていると考えるべきであろう。

このデータを公表したIPPNW（核戦争防止国際医師会議）ドイツ支部によると、点検時および燃料棒交換時には「平時の濃度の約500倍に上昇」し、この週の間の希ガス放出量は「年間放出量のほぼ半分」であったという。

再処理工場におけるスパイク的な放出があるかどうか、あったとしてどの程度計測されているかは不明である。

これらからして、世界の全原発からの年間放出量は上記UNSCEAR2008の推計約11.4PBqよりもさらに大きいと考えてよいであろう。ここでは、大まかにだが、液体放出の1.5倍程度の気体放出があったと仮定して、およそ21PBq/年程度と推計している。

福島原発事故前の日本の全原発からの放出量

付言しておくと、福島事故以前における日本の全原発からのトリチウム放出量は、日本政府のデータで年間0.38PBq（上記小委員会事務局「トリチウムの性質等について」）であった。この場合も日本の電力会社は、中部電力を除いて、液体としてのトリチウム放出量しか発表していない。日本の原発の大気中への放出量（トリチウム水蒸気・トリチウム水素ガスとしての）は小委員会の数字にもほとんど含まれていない可能性が高い。前述したように、中部電力

※15　イアン・フェアリー「原子力発電所近辺での小児がんを説明する仮説」
　　　http://fukushimavoice2.blogspot.com/2014/12/blog-post.html

図 1-9　スパイク放出の事例：ドイツ・グルンドレミンゲン原発 C 号機におけ
　　　　る希ガス濃度（2011 年 9 月 19 ～ 25 日）

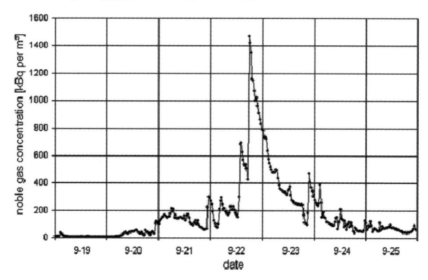

出典：イアン・フェアリー「原子力発電所近辺での小児がんを説明する仮説」
http://fukushimavoice2.blogspot.com/2014/12/blog-post.html

推計（「放射性廃棄物の管理状況」[※16]）では、大気中放出量と液体放出量との比は
およそ1である。これだけから推計して、すなわちスパイク放出量を捨象し
てもこの2倍、0.76PBq 程度であろうと考えられる。

（5）核事故あるいは原発事故

　核事故あるいは原発事故による放出量は、**チェルノブイリ原発事故**につ
いては1.4PBqとされている（UNSCEAR2000）。**福島第1原発事故**については、
東電のデータからわれわれが推計して約1.4 ～ 1.7PBq（『放射線被曝の争点』第

※16　中部電力は浜岡原発（BWR）からの気体トリチウム放出量を公表している（1997 ～ 2008年
　　度）。
・気体は合計9.48T（テラ）Bq
・液体は合計9.31T（テラ）Bq
　　でほぼ1対1となっている。したがってトリチウム総放出量は、液体トリチウム放出量の約2倍
　　（正確にはBWRの場合）とすれば良いと考えられる。浜岡の放出量統計にスパイク放出が含まれ
　　ているかどうかは不明だが、恐らく算入されていないと思われる。
　　https://www.chuden.co.jp/energy/hamaoka/hama_jisseki/hama_haikibutsu/index.html

2章)である。

　つまり、汚染水放出以前に、すでに1.7PBq程度のトリチウムが福島事故原発から放出され、環境中に循環・滞留していることに注意されたい。これは、事故前の日本の全原発からのトリチウム放出量のおよそ4年分に相当する。

　これに環境中に放出されたのち回収されタンクに貯蔵されている汚染水中の残存量約1PBqを加えて、総計で2.4〜2.7PBq程度となる。

　東電はタンクに入っていない未回収の汚染水中のトリチウムの炉内存在量は1.2PBqと推定しており[※17]、これを加えると事故原発でのトリチウムの環境中への放出量・残存量は3.6〜3.9PBq程度となると思われる。現在までの元素壊変による減衰を考慮すると、事故時の環境への放出量はさらに大きいものとなろう。

　ただし、海洋放出はすでに始まっており、2015年9月3日から運用が開始されているサブドレンからの放出は、2017年までに2760億Bqに上るという。2018年も2017年と同じとすると3860億Bq（0.386テラTBq、テレ朝モーニングショウ2019年9月25日）。現在までにはおよそ0.6TBq程度が放出されたと考えられる。

4　トリチウム生成量・存在量のまとめ

　世界の原発・再処理工場からの放出量は、現在、前述筆者推計でおよそ年間50PBq程度であり、宇宙線による生成量70PBqとほぼ同じ水準にあるのではないかと推定される。まとめとして、全世界と福島原発事故関連のトリチウム放出量・存在量・現存量の総括表を以下に掲げておこう（表1-4）。

※17　伴英幸「トリチウムの危険性」2020年5月3日原子力資料情報室より引用した。
　　　https://www.foejapan.org/energy/fukushima/pdf/200503_ban.pdf

表 1-4　環境中のトリチウムの存在量と放出量

桁	存在量／放出量 Bq	PBq (10^15) 表示	放出源／由来	データソース
20	$1.86 \sim 2.4 \times 10^{20}$ Bq	$18.6 \sim 24$ 万 PBq	核実験（1945−63）	UNSCEAR1993/2000
19	2×10^{19} Bq	2万 PBq	環境中存在量（2010）	日本政府・処理水小委員会
18	$5.8 \sim 7.5 \times 10^{18}$ Bq	$5800 \sim 7500$ PBq	核実験放出の推定現存量	現在32分の1に減衰と仮定
	$1 \sim 1.3 \times 10^{18}$ Bq	$1000 \sim 1300$ PBq	自然的存在量	日本政府・処理水小委員会
16	7×10^{16} Bq／年	70PBq／年	宇宙線等自然的生成量	日本政府・処理水小委員会
	5×10^{16}／年	50PBq／年	原発・再処理工場放出量	UNSCEAR2008より推計
	1.4×10^{16}／年	14PBq／年	ラ・アーグ放出量（2015）	日本政府・処理水小委員会[注]
	1.1×10^{16}	11PBq	広島原爆放出量	UNSCEAR2000
15	$3.6 \sim 3.9 \times 10^{15}$	$3.6 \sim 3.9$ PBq	福島原発事故放出量	東電資料などから推計
	1.4×10^{15}	1.4PBq	チェルノブイリ放出量	UNSCEAR2000
	1×10^{15}	1PBq	汚染水タンク中の滞留量	日本政府・処理水小委員会
14	3.8×10^{14}／年	0.38PBq／年	事故前日本の液体放出量	日本政府・処理水小委員会
	2.23×10^{14}／年	0.23PBq／年	日本の降水中の存在量	日本政府・処理水小委員会

注記：本論考中の分析と記述に基づく。ラ・アーグ再処理工場の放出量は、図 1-11 のデータ 10PBq（海洋放出）ではなく、上で引用した政府の処理水小委員会のデータ 13.8PBq（おそらく気体放出と海洋放出の合計であろうと思われる）を採った。

出典：日本原子力研究開発機構　山西敏彦「トリチウムの物性等について」経産省トリチウム水タスクフォース参考資料。そのほか本文中の各項の説明を参照のこと。

■ 第2節　放射性物質としてのトリチウムの「特別の」危険性

　第1節では、トリチウムが放出する放射線（β線）の特殊性——エネルギーの「低さ」と飛程の「短さ」——が、それが与える「弱い」放射線という一般的印象とは正反対に、極めて高い細胞侵襲性・細胞毒性をもつことを見てきた。ここでは、それに加えて、トリチウムが水素の同位体として化学的には「水素」であるという属性が、トリチウムの放射線とそれへの被曝を生物学的・医学的・遺伝学的に一段と「特別に」危険なものとしている点を検討しよう。

1　放射性物質としてのトリチウムの特殊性が規定する特別の危険性

　水素の放射性同位体であるトリチウムは、水素として環境中に放出され、生態系とその循環の中に入り、ヒトの体内に入り、水素として振る舞う。だが、人体を構成する原子数の63％、体重の10％は水素である（他に酸素が体重の60％、炭素が20％である）。さらに、トリチウムは酸化されて、水（トリチウム水）として侵入し、生体内で水として振る舞う。この場合も、人間の身体の60〜70％は水である。トリチウムは環境中で植物および植物性プランクトンや微生物により炭水化物、脂肪、たんぱく質から、DNA前駆物質に到る広範な有機物質に合成される。動物はこれを食することを通じて、生命維持に必要な有機物質を体内で合成する。このように水素は、フェアリーのいうように環境中・生体中において「遍在性ubiquity」[18]をもっており、このことが、水素の放射性同位体であるトリチウムに特別の危険性を付与する。

　トリチウムのもつこのような特別の危険性は、広く認識されている。もちろんトリチウムの危険性を否定したがっている政府側の専門家たちを除いて、ではあるが。

※18　Ian Fairlie; *Tritium Hazard Report: Pollution and Radiation Risk from Canadian Nuclear Facilities,* Greenpeace, 2007、第11章

たとえば、放射線と被曝に関する一般公衆向けの入門書においてさえ、十分に認識され明確に記述されている。たとえば、高エネルギー加速器研究機構　素粒子原子核研究所　多田将准教授は次のように書いている。

　　「トリチウムのβ線のエネルギーは、たった19keVしかありません。これまで紹介したどの放射線よりも小さなエネルギーです …… こんな弱々しい放射性物質だけに、特に気をつける必要もないと思ってしまいがちです。（普通の測定器では）測定もできないものなど、気にするな、と。ところが、これが水素の同位体であるということが、トリチウムを最も厄介な放射性同位体としているのです」（高エネルギー加速器研究機構　素粒子原子核研究所　准教授多田将『放射線について考えよう』明幸堂［2018年］276ページ）。

　物理学者だけではない。脳神経科学者である黒田洋一郎、木村・黒田純子両氏は、ストロンチウム90やトリチウムなど放射性物質の脳への影響の危険性を警告しているが、その際トリチウムのもつ「特別の」危険性を強調している。

　　「ヒトなど生物に対するトリチウムの毒性は特別で、直接、DNAなど有機物に結合し致命的に働くので、これまで心配されたヨード（ヨウ素）、セシウム、ストロンチウムなど内部被曝する他の核種とは比べものにならないほど危険である。白血病など発がんをはじめ、催奇性、生殖など、人の健康に大きく広い毒性の最終影響（エンドポイント）を持つと考えられる」（黒田洋一郎、木村・黒田純子『発達障害の原因と発症メカニズム　第2版』河出書房新社［2020年］312ページ）。

　日本政府と政府側に立つ一連の専門家たちは、トリチウムが水素の放射性同位元素であることから放射線科学上特別の存在であるというこの明確な事実さえ認めない。それだけではない。トリチウムの「特別な」危険性を指摘すること自体が「過度に危険性を強調」し「風評被害」を流していると誹謗するのである。すでに「はじめに」において検討したように、実際には、政

図 2-1　環境中でのトリチウムの循環（日本原子力研究開発機構 Atomica のサイトより）

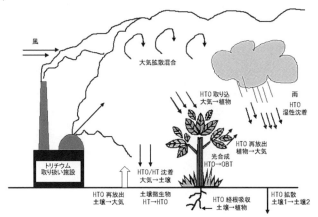

出典：W.Raskob：Description of the New Version 4.0 of the Tritium Model UFOTRI, KfK5194 （1993）, p.2
https://atomica.jaea.go.jp/data/pict/09/09010309/02.gif

府と政府側専門家たちこそが「虚偽主張を行い」「デマを流し」「嘘を広め」ており、科学的な議論を妨害し、トリチウムの危険性に対して国民の目を塞ごうと試みているというほかない。

2　トリチウムの環境中での存在形態

　放出されたトリチウムは、環境中で主にどのような物理化学的形態をとって存在するのであろうか？

　環境中に放出されたトリチウムの特殊性は、他の放射性物質のように、放出後短期間に沈着・希釈して、環境中で移動性や循環性が減少するということが極めて少ないという点にある。つまり、環境中で長期に滞留循環して、生態系や人間の生活環境を含めて当該地域全体をトリチウム汚染環境に変えてしまうのである。この点を、元素（水素）ガス、トリチウム水、無機物（土壌鉱物）に結合したトリチウム、有機物に結合したトリチウムについて検討しよう（図2-1）。

●元素ガス（主としてHTである、T_2もありうるが稀な存在と考えられている）の形態で環境中に放出された場合、長期的には大気中で酸化され、トリチウム水（HTO）に変化すると考えられる。大気中での酸化にどの程度の時間がかかるかは明確になっていないようである。また、トリチウムガスが土壌に沈着し、土中の微生物によってトリチウム水に酸化される現象も確認されている。水素ガスは、吸引した場合、脂肪に取り込まれる形で生体内に入り込むので、トリチウムガスの場合も危険性は無視できないと考えるべきであろう。

　重水炉（CANDU炉）の場合、元素ガスの放出量が多い。フェアリー氏によればカナダのダーリントン原発は2001～2005年までの5年間に合計1.8PBqを放出したとされている。カナダの他の原発でも元素ガスの放出はあったと思われるが、放出量の報告は引用されていない。日本の原発についてもトリチウム元素ガスの放出データを見つけることはできなかった。

●トリチウム水 (HTO)、すなわち酸化されたトリチウムは、水蒸気として気体で、水として液体で放出されるが、これについては既に述べた通りである。

　トリチウ水に関して重要な問題は、トリチウム水に溶けこんだか、あるいはトリチウム水と接した化合物（微粒子のように）にある水素原子とトリチウムとが交換される過程が必然的に生じることである。これは「同位体交換」と呼ばれ、水素とトリチウムの間で双方向に（H ⇄ T）行われるが、トリチウム原子Tの方が水素原子Hの約3倍重いので、水素がトリチウムに置換される反応（H→T）の方が、その反対のトリチウムが水素に置換される反応（T→H）よりも、速度が速くなる（およそ20倍とされる）[※19]。つまり一度H→Tが起こるとその反対のT→H はそれに比較して起こりにくい。すなわちH→Tの方がT→Hよりも生じる確率が高くなるのである。それにより、時間的経過と共にTの比率が上昇し、結果としてHと交換されたTが濃縮し蓄

※19　D・ケンプ『有機化学　中巻』東京化学同人（1983年）806ページによると、水素と水素の間の置換に比べ、水素を重水素で置換した場合、反応速度は「7倍遅くなる」とされ、水素を三重水素（質量＝3）で置換した場合、反応速度は「20倍ほど遅くなる」という。つまり、長期になると水素がトリチウムに交換される過程は平衡に達するまで累積的なテンポで進む可能性がある。

積していく現象が生じる。

　日光による紫外線や、トリチウムが放出するものを含むいろいろな放射線、その結果として発生する活性酸素種・フリーラジカルなどが、この交換過程を促進する。

　●土壌鉱物結合トリチウムについての最近の研究成果の一つは、トリチウムには無機的な濃縮過程がある（有機的濃縮は後述する）ことが解明されてきたことである。生物無機化学者の落合栄一郎氏は、トリチウムの粘土鉱物clay mineralへの組み込みとそれによるトリチウムの無機的な（すなわち有機化合物や生物を介さない）滞留・蓄積・濃縮に注目している（Nuclear issues in the 21st Century［21世紀の核問題］、251ページ）。落合氏は、ロペス・ガリンド氏と共同研究者たち（Lopez-Galindo and coworkers）の実験を引用して、次のように述べている。「OBT-1（交換性の有機結合トリチウム、後述）の場合と同じように、OH基のような交換性の水素をもつ物質では、その水素HがトリチウムTに交換され、Hに再度交換される速度が緩慢なため、Tが結合した状態のままに保持される」。モンモリロナイトは、典型的な粘土鉱物でアルミニウムの含水珪酸塩、マグネシウム、鉄、リチウム、ナトリウム、カルシウムなども含む板状の結晶構造をなし、層間に水を吸収して膨潤する。モンモリロナイトを使った実験結果では、「鉱物は当初はトリチウムTを含んではいなかったが、Tはまもなく鉱物の中に入り込み、やがて安定した状態になった。水中のトリチウムT原子は600日間でおよそ2割減少し」たが、「鉱物中のトリチウムT原子は粘土中に入り込みそのまま留まっていた」（図2-2）。これは「鉱物中のAl-OH（水酸化アルミニウム）の位置で、トリチウムTが（OHの）水素Hと置き代わる」ことによるという。

　最近の研究では、多孔質の土壌粒子がある場合、その孔構造の中にトリチウムがすっぽり入ってそこに滞留する傾向があることが確認されている[20]。この点は、トリチウム回収技術を考える際にとくに重要となる。

※20　トリチウム アルミで除去　近畿大など新技術
　　　毎日新聞2018年8月27日 00時47分（最終更新 8月27日 02時15分）
　　　https://mainichi.jp/articles/20180827/k00/00m/040/120000c

図 2-2　粘土鉱物へのトリチウムの取り込み（Lopez-Galindo et al 2007）

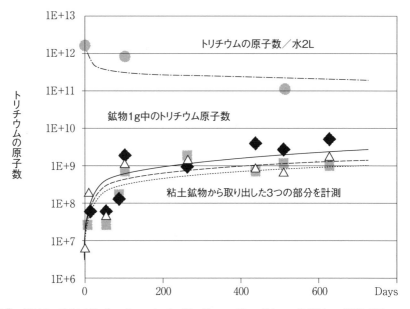

出典：Eiichiro Ochiai,*Nuclear Issues in the 21st Century*,Nova Science Publishers,2020.p251
注：丸印は水中のトリチウム原子数、四角と三角の印は粘土から取り出した３つの部分のトリチ
　　ウム原子数

●トリチウムは「有機物との親和性」をもつことが明らかになっている。
　アンドリュー・ターナー氏らは、トリチウム水と有機物との間でのトリ
　チウムの分配を研究して、水素とトリチウムとの同位体交換だけによっ
　ては説明できない、トリチウムの有機物との「親和性」と規定すべき
　現象を見出している[21]。トリチウムは、この有機物との親和性によって、
　同位体交換によって一般的に規定される以上の速度で、水中に存在する
　有機物と結合していくということができる。

※21　Turner A, Millward GE, Stemp M, *Distribution of tritium in estuarine waters: the role of organic matter.*
　　Journal of Environmental Radioactivity, Volume 100, Issue 10, October 2009, Pages 890-895
　　https://www.ncbi.nlm.nih.gov/pubmed/19608308

●有機結合トリチウム（有機結合型トリチウムあるいは有機トリチウム
[Organically Bound Tritium OBT]）には2種類があることがわかっている。
つまり、上で述べた、①「交換性」の有機結合トリチウム（短期的な存
在であるのでOBT-1といわれる）とは別に、②一度交換が起こると容易に
は解離しない「非交換性」の有機結合トリチウム（長期にわたり存在する
のでOBT-2といわれる）である。フェアリー氏はこれを①交換反応と、②
酵素触媒反応とに分類しているが、筆者自身は、②には、酵素反応だけ
でなくラジカル反応（紫外線や放射線、微粒子や化学物質による活性酸素やフ
リーラジカルが媒介して生じる）が加わると考えている。以下、フェアリー
氏を引用しよう。

①について、「交換反応においては、トリチウムは、水酸化物・チオー
ル・リン化合物・アミンの形でそれぞれ酸素原子（O）・イオウ原子（S）・リ
ン原子（P）・窒素原子（N）と結合している水素原子（H）と入れ替わる。こ
のようなトリチウムは、従来から「交換性」OBTと名付けられてきた」（フェ
アリー前掲書）。

②について、「酵素触媒反応においては、トリチウムは有機分子の炭素原
子（C）に結合する。これは、通例、「非交換性」［非交換型あるいは交換不
可能］OBTと名付けられている。このように結合したトリチウム［非交換
性の有機結合トリチウム］は、交換性トリチウムよりもさらに強力に付着し、
より長い滞留時間をもつ。このような結合は、通常、代謝分解反応によって
のみ解消される」（フェアリー前掲書）。これについては落合氏の規定も引用し
ておこう。「炭素原子と結合したトリチウム（OBT-2）は、近傍にあるHHO
と容易には交換されることはなく、代謝によりトリチウムが水素として水に
転化されるまで、有機物に結合した状態にとどまる。この種類のトリチウム
（OBT-2）は、人間などの動物により経口摂取され、代謝されるか、他の有機
化合物に組み込まれて代謝されるまでそのような状態にとどまり、体内にと
どまる間ずっと体内を被曝させることとなる」（落合栄一郎前掲書、p 250）。

脂肪酸の例をとって2者の違いを見てみよう（図2-3）。

つまり、HTO＜OBT-1＜OBT-2の順に生体内での滞留期間が長くなり、
被曝量も大きくなると考えるべきである。しかも、OBT-2の場合には、他の

図2-3　脂肪には水素がいっぱい付いている——脂肪酸の化学式の例（ステアリン酸）

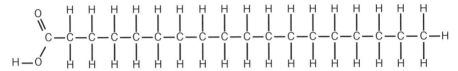

1　交換性有機結合トリチウムの例

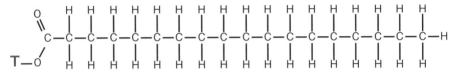

2　非交換性有機結合トリチウムの生成例

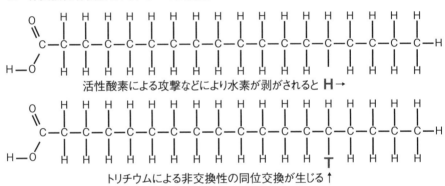

活性酸素による攻撃などにより水素が剥がされると H→

トリチウムによる非交換性の同位交換が生じる↑

出典：https://aburano-hanashi.kuni-naka.com/143　上記サイトの図より筆者作成

動物やヒトによって食され、接触により最初からトリチウム被曝を受けることになる可能性がある。

●　［光合成および化学合成］トリチウム水のある環境で植物の光合成およびそれを基礎とする代謝反応は、微生物の作用も含めて、トリチウムが結合した、極めて多様な化合物を合成する——

　①炭水化物（糖類、でんぷん、セルロース、グリコーゲン、ATP［アデノシン3
　　リン酸、エネルギー源］など）、

　②脂肪（脂肪酸とグリセリンのエステル）、

③たんぱく質（アミノ酸のみからなる単純たんぱく質、糖質・塩基性有機化合物・リン酸などと結合した複合たんぱく質——植物・微生物の窒素同化・窒素固定反応を介して）、

④DNA複製に関与するトリチウム結合核酸成分[22]までを生成する。

それにはOBT-2が多く含まれる。つまり、植物および植物性プランクトン・微生物による光合成と代謝は、トリチウム結合炭化水素はもちろん、トリチウム結合脂肪、一般的なトリチウム結合タンパク質はもちろん、DNA複製に関与するトリチウム結合核酸成分までを生成する。

とくに、④について実感がわかないという人は、麦芽に含まれるプリン体（DNAを形成する核酸の材料物質）を想起すれば良いだろう。トリチウムが結合した核酸成分は、細胞分裂と複製の際に、前駆物質としてDNAやRNAに直接取り込まれる可能性が高く、被曝リスクは大きいと考えるべきである。たとえば、DNAの前駆物質チミジンと結合したトリチウムによる染色体異常誘発効果はトリチウム水の100倍、細胞致死効果はトリチウム水の1000〜2000倍とされている[23]。

これらのトリチウム水とトリチウム結合有機物のすべてが環境中で生成される。つまり、人間がトリチウム水の形でトリチウムを環境中に放出すれば、トリチウムはトリチウム水だけでなく、これらのあらゆる形の有機物質の形でもまた人間の体内に侵入してくるのである。

※22　核酸：生物にとってもっとも重要な化学物質で、核酸塩基（プリンおよびピリミジン塩基）とペントース（五炭糖で、リボースまたはデオキシリボース）とリン酸からなる高分子物質。遺伝、生存、繁殖になくてはならない物質で、地球上の生物はもっとも簡単なウィルスから人間に至るまで、核酸を土台として生きている。（日本大百科全書）

※23　堀雅明、中井斌「3H標識化合物による人培養リンパ球における染色体異常」日本放射線影響学会第18回大会、「低レベル・トリチウムの遺伝効果について」『保健物理』11,1-11（1976年）
　　　https://www.jstage.jst.go.jp/article/jhps1966/11/1/11_1_1/_article/-char/ja/
　　　生島隆治「トリチウム・チミジンの毒性」『トリチウム資料集・1988』293ページ

第3節　トリチウムβ線への被曝のメカニズムと主要な標的

　ここまで、環境中でのトリチウムの分子的存在形態について検討してきた。次に、トリチウムβ線への被曝のメカニズムを具体的に検討し、それを通じてその健康リスクの範囲をまずは質的側面から、つまり定性的に考えよう[※24]。その後で、リスクの量的側面の検討、つまりリスクの深刻度や、ICRP・UNSCEAR・日本政府によるリスクの過小評価の程度を検討する（第4節）ことにしたい。

　これだけを確認して、トリチウムの被曝リスクの具体的なメカニズムの検討に進もう。

1　トリチウムの体内での生物学的半減期

［トリチウムの生物学的半減期］

　人間でのトリチウム水（HTO）の生物学的半減期は「約10日」とされ、トリチウムを摂取しても「短期間に」排出されるとされている。この数字は、トリチウムのβ線が、被曝しても与える線量が「少なく」、危険性が「低い」という見解の基礎の1つとなっている。だが、このような主張は成り立つのであろうか？

　このような主張は、トリチウムによる被曝がほとんどトリチウム水の摂取だけによって起こるというICRPモデルに基づいている。すなわち、①トリチウムが最初から有機結合トリチウムとして摂取されることはない、②摂取されたトリチウム水の97％は半減期10日ですみやかに排出され、③3％が体内で有機結合トリチウムに変わるものの、トリチウムが人間の体内で長期に

※24　日本政府と政府側専門家（日本学術会議）は、人間に対する放射線被曝の遺伝的影響（遺伝性影響および継世代影響も同じ意味で使用する）一般を事実上「ない」とする見解に立っている。この点の批判的検討は本章の第3節付論で行っている。ただ、本来の行論からは多少外れるので、ヒトへの遺伝性影響が「『ある』か『ない』」かという議論に直接関心のない読者の方々には、83ページからの付論を飛ばして読んでいただいても問題はないとこを指摘しておきたい。

滞留あるいは蓄積することはない、ということを前提している。有機結合トリチウムとしてのトリチウムの摂取がありうることはすでに植物の光合成・代謝の分析においてすでに検討した。ここでは、

　——トリチウム水以外の化学的形態でのトリチウムの生物学的半減期はどの程度か、

　——トリチウムが臓器ごとに取り込まれる割合と臓器に取り込まれた場合の生物学的半減期はどう違うのか、

　——どのような形態のトリチウムが長く体内に留まる可能性があるか、を検討する必要がある。

[有機結合トリチウムOBTの生物学的半減期]

　フェアリー氏がまとめている各種の研究データ（表）によれば、OBT1、OBT2はトリチウム水よりさらに体内滞留期間が長いことが示されている。OBT-2では、最長550日であり、トリチウム水（約10日）の55倍である（表3-1）。

[脂肪]

　代謝的に見て一般に脂肪は体内での滞留期間が長く、したがってトリチウ

表3-1　トリチウム水経口摂取後の人間におけるトリチウムの生物学的半減期

文献	事例数	生物学的半減期（日）		
		HTO	OBT-1	OBT-2
ピンソン/ランガム1957	9	11.3	–	–
バトラー/ルロイ1965	310	9.5	–	–
オズボーン1966	30	10.5	–	–
スナイダーら1968	1	8.7	34	–
サンダーズ/レイニング1968	1	6.1	23	344
マインダー1969	1	–	1〜30	139〜230
ランベールら1971	1	9.1	36	
モギッシら1971	–	–	21〜26	280〜550
モギッシら1972	1	9.0	30	450
バルノフら1974	–	12.0	39〜76	–
ルドランら1988	8	6.0	30	226

出典：Ian Fairlie, Tritium Hazard Report, Greenpeace, 2007、52ページ
https://www.nirs.org/wp-content/uploads/radiation/tritium/tritium06122007gphazardreport.
　　pdf

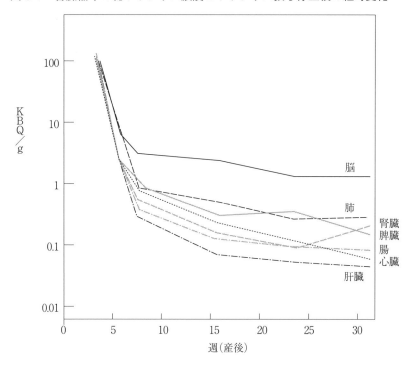

図 3-1　各臓器中の総トリチウム濃度のトリチウム投与停止後の経時変化

出典：斉藤真弘・石田政弘「トリチウム代謝と線量評価」『保健物理』20, 167 ～ 173 （1985）

ム結合脂肪の体内滞留期間はトリチウム水より長いことが予想される。実際、放射線医学総合研究所によるラットにトリチウム水を投与した実際の観測値でも、半減期は脂肪組織で80日、脳では最長213日であった（放医研「放射線医学総合研究所年報　昭和52年度」[1978年] 16ページ）。上で見たように、脂肪は水素の含有比率が極めて高く、トリチウムとの交換反応が生じる確率も、トリチウムの残留する比率も必然的に高いと考えるべきであろう。

[DNAと遺伝子]

フェアリー氏は、トリチウムがDNAやヒストンなどの遺伝子巨大分子に対して結合する傾向があることを指摘している。「マウスを一時的にHTOに被曝させると、被曝8週間後には残留トリチウムがすべてDNAとヒスト

ンに結合していた」というコマ
フォード氏らの実験結果を引用し
ている（前掲2007 57ページ）。

　DNAの半減期は極めて長く、
マウスの肝臓のDNAは318日、マ
ウスの脳のDNAは593日である。
後者はおよそマウス自体の寿命に
相当する。人間においてはDNA
の生物学的半減期はさらに長いと
考えられるという。

[トリチウムが滞留しやすい細
胞・臓器]

　フェアリー氏は、コマフォード
氏らの結論を紹介している。「最
もリスクが大きいのは被曝時に分
裂過程にありその後長期間生存す
るような細胞、すなわち胎芽の基
幹細胞、神経細胞、卵母細胞であ
ろう」（同57ページ）と。神経細胞
や心筋など細胞の再生産がほとん
ど行われない細胞にトリチウムが
取り込まれた場合、極めて危険性
が高いと考えるべきである。

図3-2　DNA水和殻の模式図

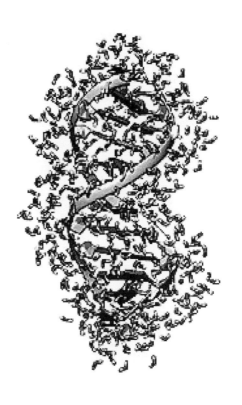

出　典：https://www.researchgate.net/figure/Typical-
hydration-shells-of-a-a-protein-b-a-DNA-double-
strand-and-c-a_fig9_314165941

　斉藤・石田氏らの研究により、トリチウム水を摂取させその後投与を停止
した場合の臓器ごとのトリチウムの残留比率は、図3-1に示されている。脳
への残留が圧倒的に多いことがわかる。

　放医研の研究でもトリチウムが取り込まれた割合が大きかった臓器は、脂
肪分の多い①脂肪組織、②脳、③睾丸、③肝臓であった（放医研前掲書）。

　これらのことから、トリチウム水を摂取しても半減期約10日という短期
間に体外排出されるので、トリチウムによる被曝の危険性は「極めて小さ

い」「ほとんどない」という主張は全く成り立たないということができる。

2　トリチウムβ線の主要な標的

　[DNA鎖] トリチウムは、DNA鎖に対して、①DNA周辺に形成される水和殻に取り込まれることによって間接的に、②DNAを形成する前駆物質（核酸成分）に取り込まれることを介して直接に、遺伝子に組み込まれる。

　DNA鎖の周辺には、水分子が、静電気による相互作用と外延的な水素結合によって結合している（水和殻と呼ばれる、図3-2）。この水和した水はDNA巨大分子の重量の60％を占めるとされ、多くの先行研究を総括したフェアリー氏によれば、トリチウム水はDNA水和水に集積する傾向があるとされている。

　フェアリー氏は、この点に関して、Mathur-Devre and Binetの研究を引用して、「水和水に含まれたHTOの部分は、最初の分子損傷をもたらす効果的な線源となる。少なくともこれらのトリチウム水分子の一部分は、DNA巨大分子の鎖と極めて近い位置にまで接近し、トリチウムのβ粒子の最大飛程よりも短い距離に入ることになる」と結論している（フェアリー前掲書）。

　西尾正道氏は、トリチウムが放射性物質として直接DNA鎖の内部に取り込まれることがトリチウムに固有の危険性をもつことを強調している（『被曝インフォデミック』寿郎社［2021年］第7章）。DNAが形成される際の前駆物質（たとえばチミン塩基の素となるチミジン）にトリチウムが結合する（トリチウム・チミジン）と、細胞分裂の際にトリチウムが含まれるDNA巨大分子が合成されるからである。このような、トリチウム結合DNA鎖（DNA巨大分子）は、細胞核DNAにもミトコンドリアDNAにも含まれる可能性がある。

　この場合、各形態の遺伝子のサイズとトリチウムβ線の飛距離が問題になるので、遺伝子の各要素のサイズを検討しておこう（図3-3）。フェアリー氏によれば、トリチウムβ線の飛距離は、水中で平均約1000nm、生体組織中で500〜700nmと短く、染色体のサイズ（およそ1400〜5000nm）の中にすっぽりと入ってしまう。トリチウムのβ線が染色体の内部や近傍で放出された場合、遺伝子に対する集中的な損傷が生じることが示されている。

　このようなトリチウム結合遺伝子物質が、生殖細胞に生成されたり、胎

図 3-3　遺伝子の各要素のサイズ（トリチウム β 線の組織内での平均飛距離約 500
　　　　〜 700nm と対比されたい）

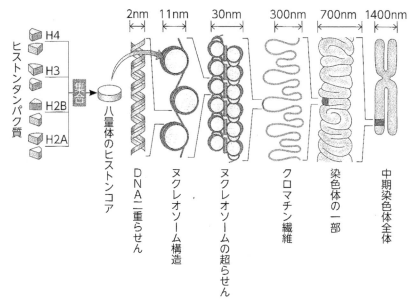

注記：トリチウム β 線の飛距離は平均 1000nm であるので、染色体のサイズ（およそ 1400 〜
　　　5000nm）の中に入ってしまい、染色体内部で放出された場合、遺伝子に対する集中的な
　　　損傷が生じることを示している。
出典：松本義久編『人体のメカニズムから学ぶ放射線生物学』メディカル・ビュー

芽・胎児の段階で形成されたりすると、深刻な長期的影響や遺伝的影響が生
じる危険性がある。また神経細胞など、ほとんど細胞分裂せず生涯に近く保
持される細胞において生じる場合の危険も同じである（この点は後に検討する）。

3　トリチウム β 線への被曝リスク

　次に、トリチウム β 線への被曝のメカニズムを具体的に検討し、それを
通じてその健康影響リスクの範囲を、まずは「質的」側面からつまり「定性
的」に検討しよう。
　トリチウムはトリチウム水として放出された場合でも、環境中で、有機物
との親和性によって、また植物および植物性のプランクトンや微生物があれ

ば光合成や代謝によって、有機結合型トリチウムあるいは有機トリチウムとなり、植物を食餌とする動物も介して、ヒトの体内に、生命活動に必須な水としてだけでなく、同じく生命の維持に必須の糖類・脂肪・タンパク質（アミノ酸）から核酸成分（遺伝子材料物質）に到るまで、多様な栄養分に取り込まれた形で体内に侵入してくる。

　それが有機トリチウムの場合、①長期にわたって生体内にとどまり、②DNAの構造の内奥にまで侵入して内部からDNAを損傷し、③体内で水素含有量の多い脂肪に結合して体内の脂肪組織に蓄積され、④脂肪の割合の大きい脳や生殖細胞に集中的に被曝影響を及ぼすなど、他の放射性核種にはない一連の「特別の」危険性がある。以下、これらの点を検討しよう。

［環境中に滞留し循環する有機結合トリチウムへの被曝の危険］

　トリチウムが数十年の長期にわたりトリチウム水（およびトリチウム元素ガス）として環境中に放出される（汚染水放出の場合がそうである）と、環境中で順次有機結合トリチウムに変化し、有機結合トリチウムとして環境中に滞留し蓄積されていく過程が生じる。つまり、トリチウムがトリチウム水と元素ガスの形態で放出されるとしても、現実には、①トリチウム水と元素ガスの摂取・被曝だけでなく、②トリチウムの土壌への滞留と濃縮、③光合成などによる有機結合トリチウムへの転化、④生物系への移行、⑤食物連鎖による生物濃縮、⑥再度の有機結合トリチウムの摂取と被曝という多重的過程が生じている。

　トリチウムへの被曝が、トリチウム水によってだけではなく、最初から有機結合トリチウムの摂取によって生じ、それによるリスクが問題になる。

［トリチウムによる被曝の諸形態］

　ここからは、トリチウムβ線による分子損傷の特質、トリチウム被曝の特性について取り上げよう。トリチウムへの被曝経路は、①気体トリチウム・トリチウム水蒸気の肺からの吸入、②飲食によるトリチウム水および有機結合トリチウムの経口摂取、③皮膚からの吸収（おそらくさほど多くない）であるが、いずれもほぼすべて内部被曝のみが問題となる。

　トリチウムβ線の直接・間接作用の標的となりうる器官として重要なの

は：

(1) 細胞核DNA・ミトコンドリアDNA、染色体を含む**遺伝子**全体である。
　　さらにはトリチウムの脂肪組織への取り込みが大きいことから生じる、

(2) **生殖細胞**（脂肪分が多く含まれる）、

(3) **脳**と**中枢神経系**（脂肪が多く含まれ、しかも脂肪が神経情報の伝達の際の電
　　流の絶縁物［ミエリン］として重要な役割をはたしている）、

(4) 脂肪組織（主として脂肪を多く含む脂肪細胞からなる）の多い**乳房**（その障
　　害とりわけ乳がん）、

(5) 脂肪組織の炎症性疾患とくに**糖尿病**とその関連疾患である。

(6) これらとは別の機序であるが、**腸内細菌叢**と腸内細菌のバランスもそ
　　の標的であろうと考えられる。

以下に検討しよう。

（1）DNA損傷に対する修復機能とその限界

　政府と政府側専門家たちは、トリチウム β 線によるDNA損傷に対して、
DNAが持っている修復機能によって、損傷が100％完全に修復されるかのよ
うに示唆している。たとえば、元NUMO理事、河田東海夫氏は、「DNAに
は素晴らしい損傷回復機能が備わっている」と強調している。だが「素晴ら
しい」という情緒的で非科学的な形容詞は「100％」の修復を示唆している
のだろうが、その具体的な規定はどこにも行われていない。100％修復でなけ
れば、損傷は蓄積されていくことになる。だが、そもそも、トリチウム β
線によるDNA分子損傷が「完全に」修復されるので心配無用であるという
言説は本当だろうか？
　第1は、放射線がDNA修復を司る遺伝子（p53が有名であるがATM、
BRCA1/BRCA2など多くの遺伝子がDNA修復に関わるということが明らかにされて
いる[25]）を損傷させた場合に何が起こるかである。またDNA修復が完全には
行われないために現実にがんが大量に発症しているのであり、その中には放
射線影響が含まれていることは明らかである。

---

[25] 松本義久編『人体のメカニズムから学ぶ放射線生物学』メディカルビュー（2017年）271ペー
ジなど参照のこと

第2は、粒子線によるDNA分子損傷が修復の困難なDNAの複雑な損傷（「クラスター損傷」）を生み出す傾向を持っていることである。核開発推進側の国際機関であるICRPや日本政府傘下の放医研や日本原子力開発研究機構（JAEA）でさえ、このことを明確に指摘し警告している。

　第3は、トリチウムの壊変がもたらす元素転換による突然変異「トランスミューテーション」効果である。

　日本政府や政府側専門家たちは、仲間うちの議論ではともかく、一般国民向けの文書や発表では、これらの事実に沈黙するか、情緒的表現でごまかして認めない。ここではとくに後者の2点を検討しよう。

［DNAのクラスター損傷］

　放射線とくに粒子線（α線・β線など）によるDNAの「クラスター損傷」については、ICRPの『2007年勧告』に以下の記述がある。重要な規定なので少し長いが引用しておこう。

　　「飛跡構造のデータは、放射線生物学的情報と相俟って、DNAに対する生物学的に重要な損傷の性質に関して考える上で大きなインパクトをもたらした。」「特に、放射線で誘発されるDNA損傷の大部分は化学変化の複雑なクラスターの形で[26]現れると認識されるようになった。そのようなクラスター損傷は、主飛跡、二次電子及び二次的な活性ラジカル種によって誘発される損傷の組合せを通して発生しうる。DNAの糖・リン酸バックボーンにおける二本鎖切断と一本鎖切断（DSBとSSB）及び種々の損傷したDNA塩基は、クラスターを成して、お互いに近接している全損傷のうち多くの割合と結合することができる。」「複雑なクラスター損傷は、低LET[27]放射線（β線やγ線——引用者）及び高LET放射線（α線など——引用者）によって生じる全DNA損傷の中の、それぞれ60％（低LET）及び90％（高LET）を占めるかもしれない」（107ページ）。

※26　日本語訳は「の中に」となっているがわかりにくいので訂正した——引用者
※27　LET linear energy transfer「線エネルギー付与」と訳される。入射荷電粒子が物質との衝突で失う飛程の単位長さ当たりのネルギー。

ICRPはDNAのクラスター損傷が、α線だけでなくβ線やγ線などの、①放射線の「高エネルギー」の「主飛跡」だけでなく、②エネルギーの低い「二次電子」及び、③「二次的な活性ラジカル種」によって誘発される可能性を認めている。これとは多少クラスター損傷の割合の数字が違うが、日本政府傘下の放射線医学総合研究所編著『低線量放射線と健康影響』もこのことを指摘しており、そこからも引用しておこう。

　　「放射線はさまざまなDNA損傷をつくる。低LET放射線（β線やγ線・X線）により加速された電子については、飛跡の末端部分や2次電子の電離の空間密度がたいへん高いことが知られている。このような高密度の電離で生じたDNA損傷は特定部位に集中した複雑なDNA損傷であるため、クラスター損傷と呼ばれる。クラスター損傷は修復がしにくく、たとえ修復しても配列情報が2本鎖の双方から失われるため、突然変異をもたらす。……高エネルギーX線やγ線照射などによる100keV程度の電子では全2本鎖切断の20%がクラスター損傷で、1keV程度の電子で全体の30%程度がクラスター損傷である。一方α線では、二本鎖切断の70%程度がクラスター損傷である」（133〜134ページ）。

　ここで、電子線のエネルギーが低下する方が、つまり100keVの電子よりも1keVの電子の方がクラスター損傷の割合が高くなっていること（20%に対して30%）に注意していただきたい。

[2次電子とフリーラジカルの作用]
　α線など高LET線によってだけでなく、低LETのβ線によっても、DNAのクラスター損傷が生じる、しかも（上記ICRP2007によると）全損傷の60%というかなりの高率で起こるとされているが、どのようなメカニズムによってこのような現象が起こるのであろうか。これを解明する上での大きな一歩前進を示したのが、JAEA・放医研・東京農工大の研究者たちが行ったシミュレーション研究である（「DNA損傷の複雑さを決める極低エネルギー電子の新たな役割を解明―放射線照射により生体の遺伝子情報はどのように変質するのか―」）。

図3-4　ベータ線の飛跡──飛跡の終端部で集中的に損傷が生じる

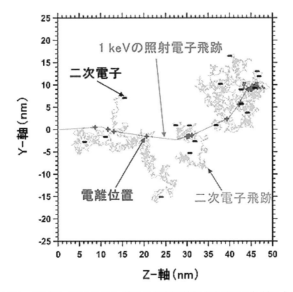

出典：JAEA・放医研・東京農工大「DNA損傷の複雑さを決める極低エネルギー電子の新たな役割を解明─放射線照射により生体の遺伝子情報はどのように変質するのか─」

　同論文が明らかにした、「①主飛跡②二次電子及び③二次的な活性ラジカル種によって誘発される損傷の組合せ」は、以下の通りである（図3-4および3-5）。1000回に1回以上のかなり高い確率でクラスター損傷が生じていることが示されている。

　これらの β 線によるクラスター損傷は、飛程が短く細胞内で集中的な損傷を与えるトリチウム β 線にとってとくに重要な特徴である。『トリチウム資料集・1988』では、細菌を使った実験結果で、「γ 線照射に比べてトリチウム β 線による修復不能DNA鎖切断は高率」になるとされている（酒井・岡田［1987］『トリチウム資料集・1988』216～7ページ）。つまり、トリチウムベータ線によるDNA損傷では、修復不能となる比率が高いことが指摘されている。現実は、専門家たちが一般国民向けに高唱するDNAの「素晴らしい修復能力」（河田東海男氏）には明確な限界がある、ということを示している。

図3-5　β線によるクラスター損傷の生じるメカニズムと未修復・誤修復の模
　　　式図

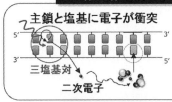

（1）放射線によるDNAの複雑化損傷プロセス

主鎖と塩基に電子が衝突

・水和層における水和前電子の生成
・解離性電子移行(DET)
・塩基損傷の誘発

三塩基対

二次電子

（2）酵素塩基除去修復プロセス

①の損傷は修復しにくい
②の損傷は修復しやすい

修復酵素

（3）複雑な二本鎖切断末端が生成

未修復の場合、
細胞死の可能性

（4）二本鎖切断末端の未修復・誤修復

二本鎖切断の修復に成功

遺伝子情報変質により、
突然変異や発がんの可能性

しかし、未修復・誤修復の損傷塩基を伴う

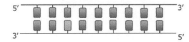

出典：JAEA・放医研・東京農工大「DNA損傷の複雑さを決める極低エネルギー電子の新たな
　　　役割を解明―放射線照射により生体の遺伝子情報はどのように変質するのか―」

［元素転換による突然変異効果（トランスミューテーション効果）］
　トリチウムβ線によるDNA損傷が修復困難な損傷をもたらすもう一つの
要因は、トリチウム壊変のもつトランスミューテーション効果（元素転換によ
る変異効果）である。トリチウム（放射性核種である三重水素）は、放射線一般
の損傷作用とともに、それらには当てはまらない特別の作用をDNA・ゲノ

図 3-6　元素転換によって生じる修復困難な損傷の例

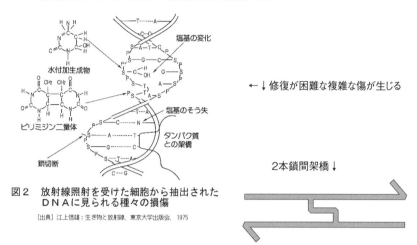

塩基の変化
水付加生成物
ピリミジン二量体
塩基のそう失
タンパク質
との架橋
鎖切断
図２　放射線照射を受けた細胞から抽出された
ＤＮＡに見られる種々の損傷
［出典］江上信雄：生き物と放射線、東京大学出版会、1975
←↓修復が困難な複雑な傷が生じる
2本鎖間架橋↓

出典：http://www.rist.or.jp/atomica/data/pict/09/09020206/02.gif
http://blog.goo.ne.jp/news-t/e/0fe63a49c5d893f0cb6c99ed6dbc0b98

ムに対して行う。詳細は第2章で解説している。トリチウムは水素の同位体として、チミジンやシチジンなど4種類のDNA前駆物質（糖とアミノ酸の結合体）に取り込まれると、細胞分裂時にDNAの内部に、とりわけ水素結合部位やそれに近い位置に組み込まれることがありうるからである（図3-6）。

実際、トリチウムが取り込まれる位置によって、損傷が深刻化することが実証されている（『トリチウム資料集・1988』、フェアリー前掲書）。このように、トリチウムはDNAの構造の内部に奥深く取り込まれる数少ない放射性核種であり、その壊変は、DNAに他の核種とは異なるきわめて深刻な影響を及ぼすと考えなければならない。

［トリチウム被曝における「ペトカウ効果」（「賀田Kada効果」）］

トリチウムについても、被曝線量が低くなるとかえって被曝の効果が増大する場合（「ペトカウ効果」、逆線量効果）が、賀田恒夫氏により発見されている。

『トリチウム資料集・1988』にはこの点に関する重要な問題提起が掲載されている。「形質転換DNAの不活性化を指標とした系で、トリチウム水濃度を下げる程、つまり、トリチウムによる照射線量率を下げる程、不活性化

の効率が増大する現象」が報告されているという（219ページ）。「吸収線量を
そろえると明らかに、低線量率のトリチウム（低濃度で長時間の作用）の方が
DNA失活効果が大きい」（220ページ）。「理由は、ベーター線で直接生成する
フリーの酸素もしくは生成したH_2O_2の緩慢な分解により二次的に生成する
フリーの酸素（$H_2O_2 \rightarrow H_2O + O$）がトリチウム濃度が高い程、酸素分子になる
（$O + O \rightarrow O_2$）率が高くなり、フリーの酸素による酸化率が低下すると考えら
れる」（224ページ）からであるという。

（2）脂肪に取り込まれたトリチウムの特別の危険性　その1――遺伝的影響

　トリチウム（三重水素）は、脂肪含有比率の高い精巣・卵巣への蓄積傾向
を持つ。それによって、トリチウムは、放射線の遺伝的影響の中で特別に深
刻な影響をもたらす可能性がある[※28]と考えるべきであろう。

　ここまで、われわれは、トリチウムがDNA遺伝子構造の内部や生殖細
胞に多く含まれる脂肪に蓄積しやすく、そこで壊変を起こした場合に、修
復されにくい複雑な損傷を与える傾向があることを指摘してきた。とりわ
け、DNAの2本鎖間の直接の共有結合（架橋）が生じ、なおかつ細胞分裂過
程を制御する遺伝子たとえばp53など変異が生じた場合、染色体の破壊や切
断、染色体異数性などの複雑な変異（染色体不安定性）が生じるリスクが大き
くなる。腫瘍学の教科書は、細胞分裂時に普通2カ所に形成される動原体が
3カ所に生じる変異により細胞の染色体数の異常が生じる例を挙げている（図
3-7）。これらが、受精卵や生殖細胞で生じる場合、遺伝的影響が生じること
になる。

　すでにわれわれが前著（『放射線被曝の争点』）において論じたように、現在
までに、トリチウムによる生殖器の被曝と、フィラデルフィア染色体（9番染
色体と22番染色体の転座）異常による白血病や、先天性欠損症による死産およ
び新生児死亡、新生児の中枢神経系異常、ダウン症（21番染色体数の異常）な

※28　トリチウムによる遺伝的影響が「ある」ことを示した研究の一つとして：
　　栗下昭宏ほか「マウスF1胎仔の外形奇形発現に及ぼすトリチウム水の影響」『「トリチウムβ
　線のRBEとその線量率依存性」平成元年度文部省科学研究費補助金研究成果報告書』所収を挙げ
　ておく。

図3-7　染色体不安定性の事例──過剰数中心体の生成による染色体不安定性の概念図

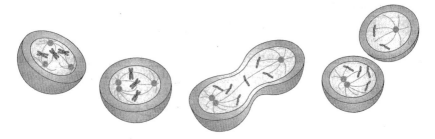

出典：ヴィンセント・デヴィータほか著、宮園浩平ほか訳『がんの分子生物学』メディカル・サイエンス・インターナショナル（2012年）

どとの関連が示唆されてきている[29]。さらには、遺伝性の「難病」の種類の拡大と多発[30]についても何らかの関連が考えられている。

　ロザリー・バーテル氏は、トリチウム被曝と新生児の中枢神経系の異常とが関連する可能性を示唆している（Rosalie Bertell, "Health Effects of Tritium" 2005）。

　トリチウムの放射線の標的となるのは女性の生殖細胞だけではない。男性の生殖細胞への影響はさらに深刻であろうと考えられている。落合栄一郎氏が指摘するように、精子細胞は体細胞と違ってDNA修復機構を有しておらず、このことが精子を放射線やそれが生みだす活性酸素・フリーラジカル（環境汚染物質が産生するものも含めて）に対してとりわけ脆弱なものにしている[31]。

　多くの先進国で再生産年齢の男性の精子数が減少していること、精子の活動性が低下していることは、すでに広く認識されている[32]。さらに最近では、人口減少がたんに先進国にとどまらず、全世界に及びつつあるのではないか

※29　渡辺悦司・遠藤順子・山田耕作『放射線被曝の争点』緑風出版（2016年）第2章を参照のこと。
※30　難病情報センター「2015年から始まった新たな難病対策」
※31　Eiichiro Ochiai, Nuclear issues in the 21st Century［邦題：21世紀の核問題］, Nova Science Publishers Inc., New York, 2020, 276ページ
※32　たとえば「最近の精子数の減少に関する国内外文献調査」平成9年度厚生省心身障害研究「不妊治療の在り方に関する研究」1997年
https://www.niph.go.jp/wadai/mhlw/1997/h090928.pdf

と考えられるようになっている。雑誌『世界』（岩波書店）は「サピエンス減少──人類史の折り返し点」という特集（2021年8月号）を組み、「世界人口」が「長期の人口減少期に入り始めている」と結論づけている。新型コロナパンデミックの影響もこのような「増加から減少へと向かう世界人口の歴史的転換を加速するもの」と捉えなければならないと指摘している（87〜88ページ）。ただ、同誌は、このような人口減少の原因として主に社会経済的な諸要因を挙げ、それらと複合的に作用する放射能汚染を含む環境汚染にはあまり注目していない。だが、中国の人口減少への転換が典型的に示しているように、人口減少には社会政策ではコントロールできない要因がある。それは、環境要因であり、核兵器開発・核開発・工業化に伴う環境の放射能汚染と化学物質汚染であると考えられる。

　最近のチェルノブイリ被曝者の調査では、遺伝性影響が、一時的に直接被曝した事故処理作業員の子孫よりも、汚染地域に住み続けている住民の子孫に、より明確に現れているという事実が明らかになっている（付論において後述する。大西武雄監修『放射線医科学の事典』朝倉書店［2019年］野村大成氏の論考173〜174ページ）。このことは、短期間に直接的に被曝するよりも、居住によって長期間にわたり被曝する方が、継世代影響が顕著に現れるという傾向を示している。これは、汚染地域における環境と生態系全体のトリチウム汚染や、さらには環境全体の放射性微粒子汚染による、長期に及ぶ内部被曝が、一時的直接的被曝よりも、遺伝的影響を引き起こす重要な要因であることを示唆している。そして、これは福島における帰還政策の危険性を改めて示していると言える。

　日本政府と政府側に与する専門家たちは、ヒトに対する放射線による遺伝的影響自体を頭から否定している。この点に関しては、この章の第3節付論を参照願いたい。

（3）脂肪に取り込まれたトリチウムの特別の危険性　その2──脳と神経細胞

　脂肪の比率の高い臓器の代表的なものの一つは脳であり（脳の60％が脂肪である）、脳腫瘍や中枢神経系の障害へのトリチウムの影響が考えられる。この点について、われわれは前著（『放射線被爆の争点』第2章）においてすでに指

摘してきた。

［発達障害とトリチウムへの被曝］

　脳・神経細胞へのトリチウムの取り込みとそれによる被曝の影響について
は、脳神経科学者である黒田洋一郎、木村・黒田純子両氏の著書『発達障害
の原因と発症メカニズム──脳神経科学からみた予防、治療・療育の可能性
　第2版』河出書房新社（2020年）に優れた概説がある。そこでは、われわ
れがすでに述べた、①トリチウムβ線によるDNA損傷の複雑性（クラスター
損傷の多さ）、②トリチウム結合脂肪による神経細胞の損傷とりわけ神経情報
の伝達の電気的絶縁（ミエリン被覆）の損傷、③それらによる発達障害、認知
機能の低下、アルツハイマー病、パーキンソン病など長期的な脳機能の障害
との関連、④トリチウムやストロンチウム90などの放射性物質の神経毒性
作用と、ネオニコチノイドなどの農薬の神経損傷作用との複合影響、が総括
されている。トリチウムの箇所を少し長くなるがそのまま引用する。なお小
見出しは引用者がつけたものである。

精子・卵子の段階でのトリチウム被曝

　「自閉症などの発達障害では、精子、卵子のDNAの新規の突然変異
（デノボ変異[33]）が、発症に因果関係があることが、すでに科学的に確定
している。

胎児の段階でのトリチウム被曝の影響

　これは受精の際の問題だが、その後胎児が成長すると、脳細胞の
DNAは特に活発に活動して脳を共発達させていく。トリチウムは脳細
胞でも、被曝した細胞のDNAに変異を起こし、異常を生じさせる。
　この異常の程度にはいろいろあるが、最悪の場合には、DNAの塩基
間の水素結合を壊し、DNA二重らせん構造はもはや機能を失ってしま
う。そのため脳のあらゆる種類の細胞は細胞死を起こす可能性が高まり、
脳機能の要である神経回路網の異常の原因となる。

※33　デノボ変異とは両親が持っていない新しい変異のこと──引用者注記
　　黒田洋一郎、木村・黒田純子両氏の著書『発達障害の原因と発症メカニズム　第2版』河出書
房新社［2020年］313 ～ 314ページ。

大人にまで影響がある

認知機能の低下、運動機能の低下など、子どもの脳の発達を妨げるだけでなく、大人の脳機能も低下し、認知機能がトリチウム被曝によっておかしくなる可能性がある。

さらに、トリチウム汚染による神経細胞死は、認知機能の低下、老化関連脳疾患を起こす加齢以外の一つの原因となる。

脳の神経細胞の特殊性──その長命な性質

ヒトの脳の主役、神経細胞は記憶が何十年も保たれるように、他の細胞より格段に長生きで入れ替わりにくく更新されない。

大国の核実験による放射性物質の蓄積もあるが、日本ではアルツハイマー病、パーキンソン病ばかりでなく、統合失調症や一般の精神疾患も、福島事故以後日本で急に増えている。

トリチウムの蓄積する部位

発達障害、アルツハイマー病など脳関係の疾患については、「トリチウムの脳細胞への長期蓄積による神経細胞などの異常が、脳機能への影響の原因」とすれば説明できる。しかも脳では一般の脂肪組織ではなく、特に神経情報をはこんでいる電気コード（軸索）にトリチウムは残留・蓄積するので、他の組織と違い、脳神経の機能回路に与える影響が甚大で、老化関連脳疾患、発達障害が将来、更に増える危険がある。

神経情報伝達の電気的絶縁体であるミエリン損傷の意味

記憶などの高次機能に肝心の「シナプス」の代謝は、主に細胞体から順行、逆行する軸索流の各種成分で保たれているので、神経回路網など脳の機能に障害が起こるのは当然だ。シナプスの伝達物質が出る接合部は軸索（絶縁体としてのミエリン）に覆われていないが、軸索のミエリン被覆がどのくらいシナプス部に近いのかは、いままで研究者があまり重要と思わず、トリチウムが脳への毒性をもつのは確かだが、詳しくは、まだ研究が少なくわかっていない」。

ここで指摘されている、神経組織に流れる電流を周辺組織から絶縁し神経情報の伝達を保護するミエリン（軸索を覆う脂肪組織の一種である髄鞘）の損傷については、以下にモデルの図を挙げておく（図3-8）。

図 3-8　神経伝達系の絶縁物質ミエリン（髄鞘）の損傷の模式図

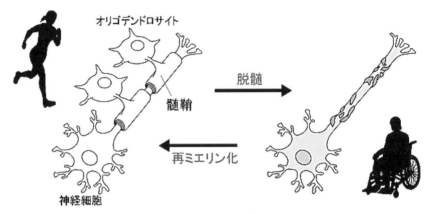

出典：基礎生物学研究所「髄鞘再生に関わる分子機構の解明 〜神経回路の絶縁シートが回復する仕組み〜」
　　　https://www.nibb.ac.jp/press/2015/09/03.html

　また、軸索が髄鞘（ミエリン）で覆われることは、人間の脳の発育・成長にとって生成した神経系統を固定化することを意味し、脳機能の発達にとって重要な役割をはたしている（図3-9）。すなわち、ミエリンの損傷が、胎児から乳幼児への、さらには子どもから青年への発達の時期に生じることがあれば、生涯に及ぶ脳機能損傷を与えることを示唆している。この意味でも、脳組織に長期にわたり滞留するトリチウムの被曝の危険性がとりわけて強調されなければならない。

　黒田氏は、腸内細菌叢の異常と自閉症などの神経疾患との関連を指摘している。この点は、極めて重要なテーマであり、本論考では以下の（6）で扱っている。

［脳におけるミトコンドリア障害］

　脳におけるトリチウム被曝がさまざまな神経疾患・障害を引き起こすもう一つの重要な経路は、ミトコンドリアDNAの損傷とミトコンドリア機能障害によるものである。もちろん、この場合も、放射線の直接的作用だけでなく、それが生成する活性酸素・活性窒素・フリーラジカルの破壊作用（酸化

図3-9 脳機能の発達にともなう、軸索の髄鞘化の脳部位別の発達時期の違い ——胎芽・胎児・子どものトリチウム被曝の危険性を示す

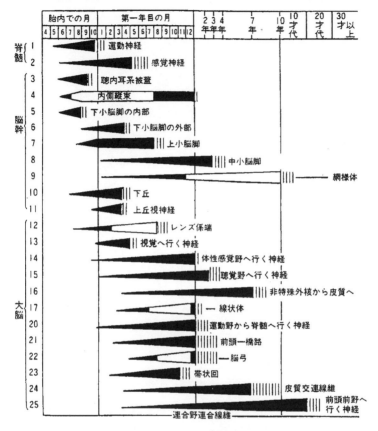

原著注記：髄鞘化は、軸索の周りをミエリンでおおい絶縁することで電気信号の伝達を速め情報が正確に伝わる。その軸索の先端のシナプス結合が、実際に機能しはじめた指標と考えられている。

出典：黒田洋一郎、木村・黒田純子『発達障害の原因と発症メカニズム　第2版』河出書房新社（2020年）225ページ

ストレス）によるものでもある。

　われわれは、アルツハイマー病やパーキンソン病、筋萎縮性側索硬化症などの神経変性疾患と脳内のミトコンドリアの機能障害との関連を指摘してきた。たとえば、遠藤順子「ミトコンドリア障害と心筋症、アルツハイマー病、パーキンソン病、筋萎縮性側索硬化症の関連について」（2017年7月22日

図 3-10　放射線の細胞小器官（ミトコンドリアとリソソーム）への作用が活性酸素
を生み出しアポトーシスを促進する概念図

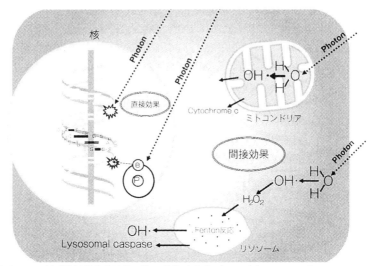

出典：青山・丹羽編『放射線基礎医学　第 12 版』金芳堂（2013 年）304 ページ
注：CytochromC（シトクロム C）は細胞呼吸を担うたんぱく質の一種であるが、ミトコンド
　　リアから放出されると細胞のアポトーシスを媒介する。Caspase（カスパーゼ）も同じ
　　ようにアポトーシスを促す。ミトコンドリアが細胞のエネルギー工場といわれるのに対
　　し、リソソームは細胞の廃棄物処理を担う小器官。

http://blog.torikaesu.net/?eid=64）を参照されたい。

　この場合とりわけ重要な役割を果たすのは、放射線による酸化ストレスと
ミトコンドリア障害との関連である。以下、遠藤論考からの要約である。

［DNA 以外の細胞小器官への放射線影響——酸化ストレスとラジカル連鎖反応］

　核 DNA を標的としない放射線生物作用においては、細胞から生成される
フリーラジカル（活性酸素種 ROS、活性窒素種 RNS）並びにそれにより引き起
こされる酸化ストレスが重要な役割を果たしている。すなわち、生体への放
射線照射によって生成される ROS のうち、O_2^{-} および H_2O_2 は比較的安定で
あり、10 および 100 秒ほど存在が持続する。これらは　その近傍に存在する
すべての生体高分子と反応し損傷を与える可能性がある。この ROS と生体

図 3-11　放射線のミトコンドリアへの損傷が長期の酸化ストレスを産生する概
　　　　念図

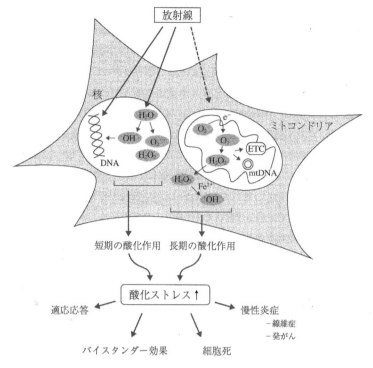

出典：吉川敏一監修『酸化ストレスの医学　改訂第 2 版』189 ページ
注：ミトコンドリアは、放射線によって損傷を受けると、活性酸素を放出するようになり、この
　　ような機能障害は放射線照射の後も持続する。これは「長期の酸化作用」と呼ばれる。

高分子との相互作用により有機ラジカルが形成されるが、有機ラジカルは急
速に酸素と反応し、ペルオキシラジカル（ROO・）となる。ROO・は、もと
の有機ラジカルよりもはるかに強い酸化剤であり、近傍の有機分子の水素を
引き抜くことで過酸化物として安定する一方、さらに別の有機ラジカルを生
成する。この連鎖反応は、放射線によって引き起こされる脂質過酸化反応に
深く関与しており、細胞並びに細胞小器官の膜に対して放射線障害をもたら
す原因となると考えられている（図3-10および3-11）。

[機能障害に陥ったミトコンドリアは長期的な酸化ストレスを産生する]

　また、放射線照射直後に起きる細胞内の様々なイベントにおいて、細胞内レドックス（酸化還元）環境が放射線照射後持続的に変化することが、照射数カ月以降に現れる放射線障害の原因となることも示唆されている。すなわち、放射線照射後、一定時間経過後に起こるROS、RNSの生成は、それが組織や臓器において酸化ストレスの蓄積を引き起こし、照射後かなりの時間がたってからの酸化障害を引き起こす可能性がある。もし放射線による酸化障害がミトコンドリア電子伝達系（ETC）の機能維持に必要な遺伝子の変異を引き起こすのであれば、この酸化ストレス状態は放射線照射を直接受けた細胞だけでなく、その娘細胞にも受け継がれることになる。それゆえ、長期にわたる放射線によるゲノム不安定性の原因となる。慢性炎症を引き起こし発がんや繊維化の原因ともなる。このような放射線照射の結果生じる短期及び長期の酸化ストレスと生物学的影響の関係を示す知見が積み上げられてきている（図3-11）。

[ミトコンドリア機能障害によるアポトーシスの活性化]

　また、細胞にアポトーシスを引き起こすメカニズムとして、ミトコンドリアからのシグナルにより活性化される内因性経路と細胞膜に存在する細胞死受容体からの外因性経路が存在するが、放射線照射はこのうち内因性経路の活性化を引き起こす（図3-9）。このアポトーシスシグナル活性化に、放射線照射後に産生されるROSが関係していることを示唆する所見が多数報告されている。

　これらの過程が脳内で起これば、たとえばトリチウムが脳内の脂肪組織や神経組織に蓄積した場合がそうであるが、脳内の分裂も再生産されない神経細胞が重大な損傷を受け、しかもそれが長期にわたって蓄積されていくであろう。

[精神疾患とミトコンドリア障害との関連]

　加藤忠史氏（理化学研究所・脳科学総合研究センター副センター長）は、同センター編『つながる脳科学——「心のしくみ」に迫る脳研究の最前線』講談社

（2016年）において、精神疾患の1つである双極性障害が、脳のミトコンドリアDNAの変異の蓄積と関連があるという重要な指摘をしている（257ページ）。もちろん、これは、一連の精神疾患と細胞遺伝子レベルでの変異（デノボ変異）――統合失調症では100個以上、双極性障害で10個近くの遺伝子が報告されているという――との関連を前提とした上でのことである。

> 「（患者の死後脳を調べると）双極性障害の患者の脳に、ミトコンドリアDNAの変異が多いというデータが得られた。……磁気共鳴スペクトロスコピーのデータとそのDNAのデータを合わせると、双極性障害の少なくとも一部は、ミトコンドリア病と似たような分子レベルの変化があり、脳のエネルギー代謝に障害が生じて発症している可能性がある」（『つながる脳科学』266ページ）。

加藤氏らは、双極性障害の原因の1つがミトコンドリア機能障害であるという仮説から出発して、変異が溜まっている患者の脳内の場所を特定することに成功した。それは「視床室傍核」という部位であったという。

以上から明らかなように、脳細胞のミトコンドリアの機能障害がヒトの神経疾患の発症と関連があることからして、トリチウムの脳内への蓄積とトリチウム β 線への被曝がミトコンドリアの機能障害を1つの経路として、ヒトの広範な神経疾患と関連している可能性は否定できないと考えるべきであろう。このような観点からの、さらなる研究が必要である。

福島原発事故では、すでに検討したように1.7PBqもの大量のトリチウムが現実に放出された。それが与える子供への精神発達への影響はすでに現れていると考えるべきである。この点に関しては、本章第3節付論で扱っている。

（4）脂肪に取り込まれたトリチウムの特別の危険性その3──乳がん

脂肪に取り込まれたトリチウムの特別の危険性を表す病態の1つは、乳がんである。ここでは指摘するだけにとどめるが、トリチウムが脂肪組織に溜まりやすいという性質は、原発周辺の住民の乳がん発症が原発の稼働によるトリチウムの放出との関連を示唆する指標となり得ることを示している。

図 3-12　脂肪細胞の炎症が広範な糖尿病関連疾患の引き金になるメカニズム

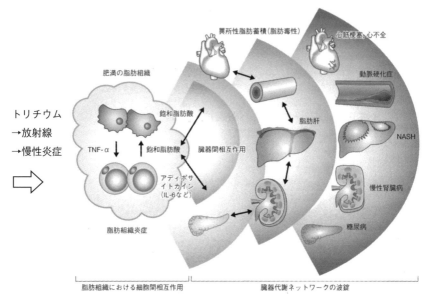

出典：小川佳宏・真鍋一郎編『慢性炎症と生活習慣病』南山堂（2013 年）

ジェイ・マーティン・グールド氏が『低線量内部被曝の脅威——原子炉周辺
の健康破壊と疫学的立証の記録』緑風出版（2011年）において、原発からの
放射性物質の放出との関連を示すために、乳がんを選んだのは十分に根拠が
あることであったと考えられる。

（5）脂肪に取り込まれたトリチウムの特別の危険性　その４
——脂肪細胞・脂肪組織の炎症から糖尿病関連疾患へ

　トリチウムの蓄積する生体部分の１つは、脂肪細胞からなる脂肪組織で
ある。最近の病態学の研究成果の1つは、脂肪組織の炎症が引き金となって、
「糖尿病関連疾患」として総括される、広範囲の代謝性症候群、狭義の糖尿
病から始まり血管炎症や動脈硬化、心筋梗塞や心不全、脳梗塞、NASH（非
アルコール性脂肪肝炎）、慢性腎炎などがどのように引き起こされるのか、そ
のメカニズムが解明されつつあることである（ここでは、小川佳宏・真鍋一郎

編『慢性炎症と生活習慣病』南山堂［2013年］だけを挙げておこう）。

　小川氏らによれば、肥満によって引き起こされる脂肪組織の慢性炎症が、サイトカインと血管炎症を介して、臓器間相互作用により伝播し、いままで統一的な理解が困難であったような、多様で複雑な代謝性症候群を引き起こすとされている。この機序は、脂肪組織に蓄積する傾向を持つトリチウムの被曝によるリスクの場合にぴったりとあてはまる（図3-12）。

　このような、脂肪組織に蓄積したトリチウムの被曝によるリスクは、前述した乳がんだけでなく、卵巣がん、精巣がんなどについても同じであると考えられる。

（6）常在細菌叢の攪乱を通じた機序から考えられる健康影響

　近年、人体の常在細菌叢とりわけ腸内細菌叢（フローラあるいはマイクロビオータとも呼ばれる）に関する分子生物学的手法を用いた基礎研究と臨床研究が進み、常在細菌・腸内細菌叢が宿主である人間との間で極めて広範囲かつ多様な相互作用を行い、複雑で重要な機能を担っていることが明らかになってきた。腸内細菌叢は、300 〜 1000種の100兆個の細菌から構成され、人間の細胞数よりも多く、その重要な役割から「もう一つの臓器」と呼ばれるようにまでなってきている。まだ未解明な部分も多いが、腸内細菌叢のdysbiosis（偏り、攪乱あるいは破綻と訳される）が、極めて様々な疾患や症状を現すこともまた解明されつつある。

　このような腸内細菌叢に対して、病原菌、脂肪過多や食物繊維不足の食生活、食品添加物（サッカリン系甘味料、乳化剤など）、残留農薬、酸化ストレス、喫煙、飲酒、肥満、うつ、生活環境などだけでなく放射線が深刻な影響を及ぼすこともまた分かってきている。少なくとも以下の諸文献が放射線被曝による腸内細菌叢への影響を示している。

・高井大策「低線量率放射線長期連続照射が腸内細菌叢に与える影響」環境科学技術研究所
　政府・電力会社傘下の研究機関がマウスへの15mGy（0.05mGyを300日）という低線量被曝において腸内細菌叢への放射線影響を認めた文献として重要である。
・Anton Lavrinienko et al, Environmental radiation alters the gut microbiome of the bank vole Myodes glareolus, *The ISME Journal* volume 12, pages2801–2806 (2018)

表 3-3　常在細菌叢・腸内細菌叢の攪乱によってもたらされる種々の疾患と症状

分類	疾患・症状
がん	（好発部位として）大腸がん、肝がん
代謝性疾患	過食・肥満、1型および2型糖尿病、メタボリックシンドローム（代謝性症候群）
脳・神経系	多発性硬化症（MS）、自閉症スペクトラム障害、脳出血増悪、脳内微小出血（健常者）、アルツハイマー病、認知症、うつ・不安障害（不安症には全般不安症・社交不安症・パニック症・強迫症が含まれる※）、パーキンソン病
腸疾患	過敏性腸症候群、炎症性腸疾患、潰瘍性大腸炎、クローン病、小腸障害、慢性便秘症、盲腸炎・虫垂炎、偽膜性大腸炎（腸粘膜に偽膜形成をみる抗菌薬起因性腸炎）、下痢・出血・腸内細菌の組織侵襲・感染症・敗血症など放射線性消化管症候群
自己免疫疾患	小児アレルギー疾患、リウマチ、喘息、アトピー性皮膚炎
肝疾患	アルコール性肝障害、非アルコール性脂肪性肝疾患（NAFLD）、肝硬変、原発性硬化性胆管炎
循環器疾患	動脈硬化症、動脈硬化粥腫破綻の血栓性閉塞、脳梗塞、虚血性心疾患、高血圧、感染性心内膜炎
腎臓	IgA腎症
産科・生殖器	早産、性感染症への易感染性
小児	セリアック症候群（小児脂肪便症）
全身性ほか	全身性炎症、菌血症・敗血症

注記：「自閉症スペクトル（スペクトラム）障害」とは、従来からの自閉症に、関連する様々なコミュニケーションや言語に関する症状など低次の発達障害症状を含む分類である。

出典：安藤朗企画『週刊医学のあゆみ特集　腸内細菌と臨床医学』医歯薬出版（2018年1月6日号）、福田真嗣企画『実験医学　特集明かされるもう一つの臓器　腸内細菌叢を制御せよ！』羊土社（2016年4月号）、清野宏・植松智編『実験医学増刊　生体バリア』羊土社（2017年5月1日号）、大野博司編集『実験医学増刊　腸内細菌叢　健康と疾患を制御するエコシステム』羊土社（2019年2月号）、Nicholas M Vogt et al., Gut microbiome alterations in Alzheimer's disease, Scientific Reports, 19 Oct 2017、Naoki Saji et al., Analysis of the relationship between the gut microbiome and dementia: a cross-sectional study conducted in Japan, Scientific Reports, 30 Jan 2019、に言及がある疾患・症状を筆者がリスト化した。

※浦部晶夫ほか編『今日の治療薬　解説と便覧 2018年』886ページ

チェルノブイリの汚染地域のネズミによる放射線の腸内細菌叢への影響の研究。

・David Cacero et al, Space-type radiation induces multi-modal responses in the mouse gut *microbiome* and metabolome, Microbiome 20175:105
　宇宙飛行士の被曝による腸内細菌叢の攪乱についての研究の1つ。宇宙飛行士の腸内細菌叢の影響の研究は多くあるようである。

・Harry Sokol, Timon Erik Adolph, The microbiota: an underestimated actor in radiation-induced lesions?, *BMJ* Volume 67, Issue 1
　医療被曝による腸内細菌叢の攪乱の研究にかんする註釈がある。

・Shiran Gerassy-Vainberg et al, Radiation induces proinflammatory dysbiosis: transmission of inflammatory susceptibility by host cytokine induction, *BMJ* Gut. 2018 Jan;67（1）:97-107. doi:

図 3-13　腸内細菌叢と関連する主な疾患

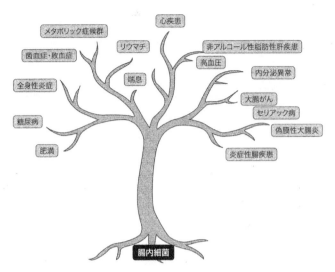

出典：金倫基「マイクロバイオーム──次世代の医薬品」より、福田真嗣企画『実験医学　特集
　　　明かされるもう一つの臓器　腸内細菌叢を制御せよ！』羊土社（2016 年 4 月号）904 ペー
　　　ジ

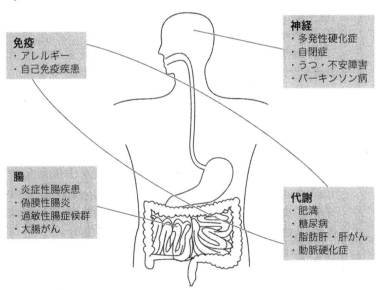

出典：大野博司編集『実験医学増刊　腸内細菌叢　健康と疾患を制御するエコシステム』羊土社
　　　（2019 年 2 月号）13 ページ

10.1136/gutjnl-2017-313789. Epub 2017 Apr 24
https://gut.bmj.com/content/67/1/97
医療被曝による腸内細菌叢の攪乱の代表的な研究の1つ。
・清野宏・植松智編『実験医学増刊　生体バリア』羊土社（2017年5月1日号）には医療用の放射線
　照射によって生じる「腸内細菌の組織侵襲」を含む「放射線性消化管症候群」が指摘されている
　（121〜126）。

　以上から、放射線被曝→腸内細菌叢の攪乱の連関と、腸内細菌叢の攪乱→広範囲の疾患・症状の連関を1つに結びつけることができ、放射線被曝→腸内細菌叢の攪乱→広範囲の疾患・症状という機序を考えることが十分に可能であると結論できる。もちろん、トリチウム水の日常的飲用や、有機結合トリチウム食材の日常的摂取が、ヒトの腸内細菌叢にいかなる影響を及ぼすか、これらはまだ解明の途上であり、まだ十分に検討できていない。ただトリチウムが今まで見てきたようにこの過程に深く関わる可能性があることは明らかである。

　また、腸内細菌種には嫌気性の細菌が多く、またその嫌気性の度合いには相違があることから、①食品中の放射性物質による活性酸素・フリーラジカルの産生により、②放射線被曝に起因して体内で酸化ストレスが生じる場合、腸管壁から腸管内に溶出する活性酸素・フリーラジカルにより、腸内細菌のバランスが攪乱される可能性が容易に示唆される。

　常在細菌叢とりわけ腸内細菌叢への損傷の影響がいかに広いかについては、前述の表3-3と図3-13が示している。

■ 第3節付論　日本政府・政府側専門家による虚偽主張について

　日本政府・政府側専門家の最も危険な議論の1つは、福島事故被曝による胎内被曝影響が「ない」だけでなく、放射線によるヒトの遺伝的影響（遺伝性影響あるいは継世代影響ともいう）そのものについて「ない」という主張である。たとえば、日本学術会議の文書「子供の放射線被曝の影響と今後の課題」(2017年) や復興庁文書「風評払拭・リスクコミュニケーション強化戦略」(2017年) は、明確にそのような見解を表明している。また放射線の遺伝的影響が「ある」という見解自体が「風評」を流布するものであると主張されている[34]。ヒトについて放射線被曝の遺伝的影響は「ない」という見解は、その後一貫して、日本政府の放射線被曝に対する政策の大前提となっている。

　これは、全くの虚偽主張であるだけでなく、日本国民あるいは「民族」の将来にとって極めて深刻な危険性をはらんでいる。以下に少し詳しく検討しよう。

1　UNSCEAR2001年報告の不誠実な引用

　学術会議報告は、UNSCEARやICRPなどの報告書が「健康影響に関する科学的根拠」である（ⅱページ、2ページ）として、真理の基準を、科学や科学研究それ自体ではなく、外的な権威に求めている。いわば「国際権威主義」を振り回している。これは、科学のもつ客観性を頭から否定するものである。だが、この点の検討の前に、まず学術会議報告が、自分の「科学的根拠」である「はず」のUNSCEARなどの報告書を、不正確どころか極めて不誠実にかつ歪めて引用している事実を指摘しなければならない。悪質極まる研究不正として断罪されるべきであるという他ない。

※34　これらの文書の批判は以下のサイトでダウンロードできる。参照いただければ幸いである。
http://blog.torikaesu.net/?eid=68
http://blog.torikaesu.net/?eid=71
http://blog.torikaesu.net/?eid=73

放射線の遺伝性影響が人間について「ある」か「ない」かという根本問題について、学術会議報告は、UNSCEAR 2001年報告に依拠するとして以下のように述べている。

　　「原爆被爆者二世をはじめとして、多くの調査があるが、放射線被曝に起因するヒトの遺伝性影響を示す証拠は報告されていない」（3ページ）。

　学術会議報告はこの部分をUNSCEAR報告書から「引用」している。これだけ見ると、読者には、UNSCEARは遺伝性影響が「ない」と主張していると思われるであろう。ところが、元のUNSCEARの報告書の方は、学術会議報告が引用した内容を述べた後すぐ続けて、結論として次のように結んでいる。

　　「しかし、植物や動物での実証研究で、放射線は遺伝性影響を誘発することが明確に示されている。ヒトがこの点で例外であることはなさそうである」（UNSCEAR2001年報告書『放射線の遺伝的影響』9ページ、100ページ）。

　つまり、UNSCEAR報告は、放射線の遺伝性影響は、動植物の場合と同様に、人間についても「証拠は報告されていない」が「ヒトが例外であることはなさそうである」すなわち「ある」可能性が高いというのである。人間の遺伝性影響は「ない」を強く示唆する学術会議報告は、UNSCEARと「全く反対の」評価をしているのである。

2　胎児影響の存在は実証されている

学術会議報告は、日本産科婦人科学会の決定を引用しながら、
①「福島原発事故に起因しうると考えられる胚や胎児の吸収線量は胎児影響の発生のしきい値よりはるかに低い」、
②したがって「胎児への影響は心配ない」、
③「死産、早産、低出生時体重および先天性異常の発生率に事故の影響が

見られないことが証明された」

　と書いている（9ページ）。この3点とも、はっきりと虚偽の主張である。

①「しきい値」について

　学術会議は「しきい値」について言及しながら具体的な数値を挙げていない。これについて医学生向けの代表的な教科書の1つ、キース・L・ムーア氏編集の『人体発生学』医歯薬出版（邦訳2015年）を見てみよう。そこでは、「妊娠全期間を通じて妊婦が照射されてもよい放射線は、全身照射量として、500ミリラド（0.5ラド＝5mSv）が限界である」と明記されている（邦訳459ページ）。これはヒトの妊娠期間を266日として計算すると年間換算で約6.9mSvとなる。日本政府は、年間20mSvまでの放射線被曝を居住可としているのであるから、妊婦が居住すればわずか4カ月で到達してしまう水準である。

　日本学術会議も日本産科婦人科学会も、もし自分の主張に忠実であるならば、年間6.9mSvを超える汚染区域への妊婦の帰還は胎児影響のリスクが「ある」と言わなければならないはずなのである。彼らの主張ははっきり不誠実であり、信義誠実の原則に違反している。

　しかも、実際には、以下に見るように、「しきい値」の存在を一方的に検証なしに断定することはできないのである。

　また、毒物学（毒性学）の原則として、「心配がない」と判断するためには安全側に余裕を持たせて「安全係数」をとらなければならない。一般的に言っても、胎児や妊婦の命を預かる医師や学者の団体として当然の義務であろう。安全係数は、普通「最小無毒性量」の100分の1、「最小毒性量」の場合は1000分の1である[35]。したがって、この場合は0.069mSv/y程度となるであろう。

　以上から、「胎児への影響は心配ない」としたこれら組織の責任は、厳しく追及されなければならないし、厳しく追及されることになるであろう。

②「被曝による胎児影響はない」について

　学術会議報告自体が、この「胎児への影響は心配ない」との評価を述べな

---

[35]　日本トキシコロジー学会教育委員会編集『トキシコロジー』朝倉書店（2009年）4ページ

がら、一方では、それに全く反する形で「臓器の奇形発生」「生後の精神発達遅滞」「小頭症」を胎児影響の具体的形態として挙げている（3ページ）。

　欧米で一般的に使われている大学の教科書、エリック・ホール氏らの『放射線医のための放射線生物学』（英文）を見てみよう。それによれば、広島・長崎の原爆により母胎内で被爆して出生した被爆者の調査は、小頭症と知的障害（精神発達遅滞）について、放射線影響を明確に認めているだけでなく、小頭症については「しきい値がない」（低線量でも発症が被曝量に比例する）可能性が高いことを指摘している（179〜182ページ）。また同書の図を見る限り、精神発達遅滞についても、しきい値がない可能性が示されている（図3付-1および2）。したがって「影響は心配ない」とは決していえないのである。

　エリック・ホール氏の同書は、医療被曝した患者の事後研究によって、上の2例に加えて、さらに二分脊椎、両側内反足（足の奇形）、頭蓋骨の形成異常、上肢（腕）奇形、水頭症、頭皮脱毛症、斜視、先天性失明など、多くの被曝に起因すると思われる先天性異常が報告されていると明確に記載している。これらについて学術会議報告は何の言及もなく、「影響が見られないことが証明された」とはいえないことは明らかである。

③「死産、流産、低出生時体重および先天性異常」について

　この点に関しては東京五輪の危険を訴える市民の会編『東京五輪がもたらす危険──いまそこにある放射能と健康被害』緑風出版（2019年）第3部第2章「がん、白血病・血液がん、子どもの発達障害の多発」を参照願いたい。

　福島原発事故において胎児への「影響が見られないことが証明された」という主張は明らかに虚偽主張である。ここでは詳論できないが、Hagen Scherb氏と森国悦・林敬次氏の共著によれば、福島原発事故からおよそ10カ月後に、福島とその近隣5県（岩手・宮城・福島・茨城・栃木・群馬）で周産期死亡率が急増していることが明らかになっている[36]。

　精神発達遅滞（現在の用語では発達障害）に関連しても、胎内被曝の影響と直接的な関連ではないが、示唆的な関連データはある。

　福島県が発表している「学校統計要覧　平成29年度（2017年度）」では、小

※36　http://ebm-jp.com/2016/10/media2016002/

図3付-1　小頭症と被曝量の相関

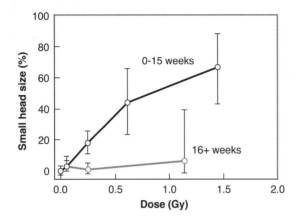

出典：エリック・ホール『放射線医のための放射線生物学　第8版』（英文）183ページ

図3付-2　精神発達遅滞の割合と被曝量との関連

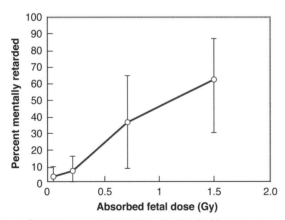

出典：エリック・ホール『放射線医のための放射線生物学　第8版』（英文）183ページ

学校での「特別支援」の児童・生徒数は、事故前の2010年度の1,211人から事故6年後の2017年度までに2,270人へと1.87倍に、中学校では同期間に607人から923人へと1.52倍に増えている。

　そのうち「知的障害」では小学校で同期間に864人から1,289人へと1.49倍に、中学校では466人から585人へと1.26倍に、「自閉症・情緒障害」では増

加はさらに顕著であり、小学校で332人から950人へと2.86倍に、中学校では127人から332人へと2.61倍に増えている[37]。このように、放射線との関連が考えられる「精神発達遅滞」の徴候は、福島県自身の学校統計調査によってさえ、はっきり現れているのである（図3付-3）。

　福島県において子供の精神的な障害が多発していることは、決して「風評」ではない。すでに周知の事実となっている。これまで「風評被害」をさかんに攻撃してきた読売系の『福島民友』紙は、次のように書いて「子供を取り巻く問題の深刻化」を認め「今後も患者数は増える」と予測している。「（福島）県立矢吹病院（矢吹町）にある精神科子ども専門外来『児童思春期外来』の昨年度の延べ患者数は2270人で、過去最多を更新したことが県のまとめで分かった（図3付-4）。県は、医師を増員して診察日を増やしたことや子どもを取り巻く問題の深刻化などが要因と分析。今後も患者数は増えると見込み、医療スタッフの増員などさらなる対応力の強化を急ぐ」と[38]。

　福島県内や周辺諸県において幼稚園や保育所での綿密な調査を行えば、胎内被曝についてもはっきりその傾向が分かるはずである。発達障害が問題になっているのであるから、数十年にわたる長期的で系統的な調査を行う必要性を提起することもせずに、胎児被害が「ない」ことが事故から数年後の段階ですでに「証明された」という主張は、デマ以外の何物でもない。学術会議は国際原子力マフィアの手先となり、放射線被曝影響に関してデマゴギー（デマによる支配）の一機関に堕落しようとしていると論難されてもやむを得ない。

3　被曝2世調査でヒトの遺伝的影響全体は否定できない

　もう一点、ヒトに関する遺伝的影響を否定する際に広島・長崎の被爆2世の調査がよく引用されるが、これはヒトについての遺伝的影響を調べた「唯一の」研究では「ない」。日本で広く使われている放射線医学の教科書の一つ、青山喬・丹羽太貫監修の『放射線基礎医学』（現在第12版）は、「放射線の遺

※37　https://www.pref.fukushima.lg.jp/uploaded/attachment/258509.pdf
※38　「『精神科子ども外来』患者増加対応急ぐ　県立矢吹病院で過去最多」2018年12月16日、福島民友ネット　http://www.minyu-net.com/news/news/FM20181216-334643.php

図３付 -3　福島県学校基本統計に見られる特別支援を要する児童数（自閉症・情緒障害）

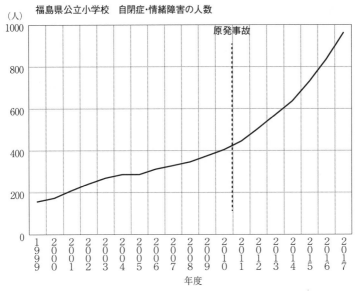

福島県公立小学校　自閉症・情緒障害の人数

出典：福島県「学校基本統計調査」各年度版

伝的影響について人類を対象にした研究」の一覧を掲載している（417ページ）。掲げられている研究20件のうち、遺伝的影響が「ある」か「ある可能性がある」という結果が10件の研究で報告されている（表3付-1）。しかも、「ない」か「ない可能性がある」という結果を示したのは同表では被爆2世調査だけである。したがって、被爆2世調査だけを根拠に遺伝的影響全体を全否定するという論理が本来なりたたない。

4　ICRPもUNSCEARも人間の遺伝性影響の存在を認めている

国際放射線防護委員会（ICRP）2007年勧告は、放射線の遺伝性影響の存在を明確に認めている。同勧告は、遺伝性のリスクを1万人・Svあたり20例、うち致死性を80%の16例、非致死性（つまり生児出産）を20%の4例と推計し明記している（143ページ、表としては139ページなど、またこれは線量・線量率係数DDREF=2の下でのことなので、低線量に関する評価である）。だが、学術会議

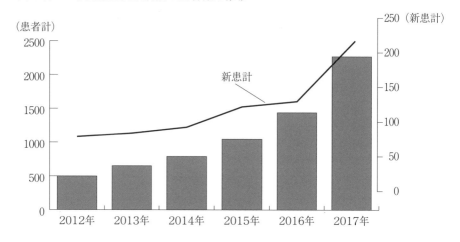

図3付4　福島県立矢吹病院の患者数の推移

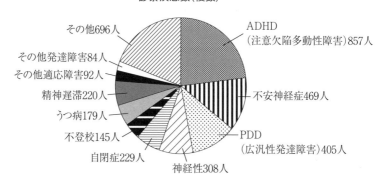

診察疾患数（複数）

その他696人
その他発達障害84人
その他適応障害92人
精神遅滞220人
うつ病179人
不登校145人
自閉症229人
神経性308人
ADHD（注意欠陥多動性障害）857人
不安神経症469人
PDD（広汎性発達障害）405人

出典：「『精神科子ども外来』患者増加対応急ぐ　県立矢吹病院で過去最多」2018年12月16日福島民友ネット版

報告はこの点をまったく無視している。

　さらに、UNSCEARやICRPは、遺伝性影響について、倍加線量（DD）という基本概念を提起しているが、学術会議報告はこれも無視している。これら国際機関によれば、倍加線量は1Gyと推計され（UNSCEAR推計の中央値は0.82Gy）、この量の被曝により、自然的に発生する突然変異発生率と同率の（あるいは100万人あたりで自然発生数と同数の）突然変異が誘発されると考えられている（UNSCEAR前掲書101ページ、ICRP前掲書175ページ）。

　現在の日本の年間出生数はおよそ100万人なので、UNSCEARの「先天異

常」の自然発生確率6%（UNSCEAR前掲書100ページ）を採用すると、自然発生的な先天異常の生産児は年間約6万人となる。LNT（しきい値なし直線）を前提しDD=1Svを用いると、政府がそれ以下では放射線影響が「ない」と言う100mSv（これはうそであるが）を日本の妊娠可能女性全体が被曝したと仮定した場合、上記（100万×6%＝6万人）の10分の1の約6000人に先天異常の過剰発生が予想される。政府の帰還基準の年間20mSvとして年1200人程、公衆の被曝基準の年間1mSvとしても年60人程に先天異常の過剰発生が想定される。UNSCEARによれば、放射線被曝によって先天性異常の発生が「ない」ということには決してならないのである。

　UNSCEAR2001は、自然発生のいろいろな遺伝性の「慢性疾患」を持つ生児出産数を改訂して、生児出生全体の65％と推計している。これは非常に高い水準であり、放射線被曝や環境汚染などの複合要因による現実の上昇を反映しているものと思われる。この数字にしたがえば、日本での年間出生数およそ100万人あたり65万人である。したがってこの場合も、LNTを前提すれば、100mSv被曝で約6.5万人（合計で72.5万人）、年間20mSvで年約1.3万人、年間1mSvでさえ年650人の過剰発生となる。

　もちろん、UNSCEAR2001は、倍加線量の場合にも、この予測される数値に、さらに「突然変異成分」と「潜在的改修能補正係数」を掛けて係数操作し、先天異常について上記の4.5〜9％に、慢性疾患については0.04〜0.18％にしている。それでも、親の被曝1Gyに対して出生100万人あたり合計で3000〜4700人の遺伝性影響を推計している（UNSCEAR2001報告94〜95ページ）。

　係数補正後でさえ、被曝量100mSvでは300〜470人、年間20mSvの場合はこの1Gyの50分の1であるので、年間の被曝に対して60〜94人である。UNSCEARに基づく限り遺伝性影響は「ある」という結論が出てくるのである。

　このように、UNSCEARやICRPなどの国際機関の評価によれば、遺伝性影響のリスクは決して「ゼロではない」。見てきたようにかなりのレベルである。学術会議報告が試みている「ヒトでは遺伝性影響がない」「（福島事故では）胎児影響はないことが証明されている」という議論の方向付けは、明らかに、学術会議報告が「科学的根拠」と称する国際機関の見解にさえ真っ向から違反する、完全なうそであるといわざるをえない。

表3付-1　放射線の遺伝的影響について人類を対象にした研究——医学生向けの教科書『放射線基礎医学』では人を対象とした遺伝的影響の研究の半数が遺伝的影響の可能性を認めていることが示されている

著者	対象	結果	備考
影響を認めた研究			
Macht & Lawrence 1955	米国放射線医の子	+ (?)	正常出産の頻度
Turpinら1956	治療のためにX線を受けた患者の子（フランス）	+	性比の偏り
Neel & Schull 1956, 1958	広島、長崎原爆被爆生存者の子	− & +	性比について検討して有意性を見出した
田中と大倉 1958	日本の勤続25年以上のX線技師の子	+	性比の上昇
北畠ら 1959	愛知県下の放射線関係者の子	+	性比の上昇
Gentryら 1959	N.Y.州の住民、バックグランド放射線との関係	+ (?)	奇形の頻度
Tanaka 1963	日本の全X線技師の子と孫	+	性比の偏り
Sholte & Sobels 1964	治療のためにX線を受けた患者の子（オランダ）	+	性比の偏り
Cox 1964	先天性股脱のため頻回X線診断を受けた婦人の子	+	性比の低下と男児の出生時体重の低下
Dubrovaら 1996	チェルノブイリ事故の汚染地域住民の子供	+	ミニサテライト変異
影響を認めなかった研究			
Neelら 1975	原爆生存者の子	−	死亡率（平均17歳まで）
Schullら 1981	原爆生存者の子	(−)	死産、乳幼児死亡、染色体異常などから倍加線量の下限を1.56Svと推定
Awaら 1987	原爆生存者の子	−	染色体異常の頻度
Neelら 1988	原爆生存者の子	−	蛋白の電荷と機能を変化させる突然変異
Otakeら 1990	原爆生存者の子	−	先天性奇形、死産、新生児死亡
Yoshimotoら 1990	原爆生存者の子	−	子どものがん
Neelら 1990	原爆生存者の子	(−)	倍加線量の下限の推定、低線量率では3.4〜4.5Sv
Kodaira 1995	原爆生存者の子	(−)	ミニサテライト変異

出典：青山喬・丹羽太貫監修『放射線基礎医学』金芳堂（2013年）417ページ

5　UNSCEARによる過小評価とECRRによる補正の試み

もちろん、これら国際機関のリスクモデルには大きな過小評価がある。欧

州放射線リスク委員会（ECRR）によれば、遺伝性影響の分野ではとくに大きく、2000分の1から700分の1程度の過小評価があるとされる（『欧州放射線リスク委員会2010年勧告』邦訳221ページ）。

また、学術会議報告が無視している問題として、放射線被曝による精子・卵子への影響とくに精子数の低下、受胎数・妊娠数の減少、流産・死産の増加、それらの結果としての出生数の低下などの被曝影響がある。

だが、今は遺伝性影響が「ある」か「ない」かが問題であり、過小評価の度合いの詳しい検討は別稿に譲るほかないが、以下の点だけを確認しておきたい。

放射線被曝の遺伝的影響に関しては インゲ・シュミット＝フォイエルハーケ氏らの論文[39]が注目される。彼らは低線量放射線被曝の遺伝的影響の文献を調査し、広島・長崎の原爆被爆者を調べた ABCC の遺伝的影響の調査は信頼性がないと結論している。その理由として、遺伝的影響の線量応答が線形であるという仮定自体が間違いであることを指摘している。そしてチェルノブイリの被曝データから新しい先天性奇形に対する相対過剰リスク（ERR）はギリシャなど積算1mSvの低被曝地においては1mSvあたり0.5であり、10mSvの高い被曝地では1mSvあたり ERR が 0.1 に下がるという。おおまかにはすべての先天異常を含めて積算線量10mSv につき相対過剰リスクが1という結論である。積算10mSvで先天異常が2倍になるというのは大変なことである。

同氏らは、10mSv以上の被曝では、胚が死んでしまう結果、リスクが減少するという現象が観測され、それによって線型モデルを前提にする限り、遺伝性影響が「ない」という誤った結論がもたらされると指摘している。

6　最新の『放射線医科学の事典』における継世代影響の評価

最新の放射線医学についての概括的著作、大西武雄監修『放射線医科学の

※39　Inge Schmitz-Feuerhake, Christopher Busby, Sebastian Pflugbeil, Genetic radiation risks:a neglected topic in the low dose debate. Environmental Health and Toxiology, vol.31,Article ID e2016001
　　http://dx.doi.org/10.5620/eht.e2016001

事典』朝倉書店（2019年）は、チェルノブイリ事故での被曝者の最新の調査に基づいて、「継世代への影響」が「ある」ことを明確に認めている。同項目（「継世代への影響」）の執筆者、野村大成氏は、以下のように書いている。

　「ヒト集団においては放射線による遺伝性影響はいまだ明確にされていないが、チェルノブイリ原発事故直後よりロシア政府は汚染地域に住む約10万人の小児の健康調査と治療を行い、被曝住民の子孫には、先天異常・がん・内分泌／消化器／循環器／神経系などの疾患の増加が近年報告されるようになった。とくに小児期被曝者で甲状腺がんが増加しているのに対し、被曝者の子孫には造血器系・中枢神経系などにいわゆる小児期に特異的ながんが発症している傾向が見られる。」
　「ミニサテライト変異などを用いた分子疫学調査では、チェルノブイリ原発事故における兵士、消防士など事故処理作業に従事した人々などの直接的被曝者の子孫には遺伝子変異の増加はみられず、（チェルノブイリの）被曝住民の子孫には有意の突然変異の増加が報告されている。」（173～174ページ）

　前掲書は、「政府側」専門家として有名な甲斐倫明氏が編集・執筆者の一員に入り、これまた政府側として有名な明石真言氏や大津留晶氏、鈴木元氏らも執筆者に加わった共同著作である。そのような著作が継世代影響すなわち遺伝的影響を認めた意味は極めて重要である。つまり専門家レベルでは、ヒトについて放射線被曝による継世代影響（遺伝的影響と言おうと遺伝性影響と言おうと同じことである）が実際に「ある」、あるいは最低でも「ある可能性がある」ということは「既知の事実」なのである。

　最近、読売新聞は、この問題に関する論説委員のコメントを載せ、福島原発事故に関して「将来生まれてくる子孫の健康に影響があるか」との世論調査の質問に対して、「国民の4割」が「可能性は高い」などと回答した（環境省調査）ことを取り上げている（読売新聞2021年7月24日付[40]）。同論説によれ

※40　読売新聞オンライン「放射線を巡る根深い誤解」2021年7月24日
　　　https://www.yomiuri.co.jp/science/20210724-OYT1T50182/

ば、これは、国民の間に「放射線を巡る根深い誤解」があることを示しており、「風評」の結果だとしている。そしてこの「4割」という割合を「2割に引き下げる」ことを目標に情報発信を強化すべきだと書いている。

　指摘されている事実は、極めて重要である。それは、国民の多くが自然発生的に放射線科学的に正しい「感覚」を持ち正しい判断をしているということ、しかも、おそらくは国民の多くにそのように感じさせる客観的な「何か」、福島原発事故に関連する遺伝的影響を示唆する現象およびその端緒的な諸現象が現に広く生じているという「現実」があることを示している。また、本論考で見てきたような、政府や専門家たちによる「うそをうそで塗り固める」というようなやり方が、かえって広範な国民の不信を招いており、原発推進派の先頭に立つ読売新聞をも慨嘆させるような状態を生みだしていることを図らずも示している。

いままで、主として、トリチウムの放射線エネルギーの相対的な低さと飛程の短さに由来する、またトリチウムが水素の同位体であること等から生じる、トリチウムの「特別な」危険性の質的側面をいわば「定性的に」検討してきた。ここからは、この特殊性の量的側面、フェアリー氏の適切な表現を借りれば「危険度」[※41]を考えていこう。

ここでは、大きく言って4つの点を検討する。第1は、UNSCEARがトリチウム放出の場合のリスクを集団線量として試算し公表している事実があり、政府・専門家が主張する「トリチウム放出無害論」と真っ向から矛盾するという点である。第2点は、ICRPのトリチウムの線量評価（ドシメトリー）の体系——トリチウムの危険度やリスクを過小に評価する体系——線質係数・生物学的効果比・線量係数をはじめ各種の係数操作の体系（とりわけ線量係数）を分析し、それらによるリスクの過小評価の程度を大まかにでも明らかにすることである。第3点は、少し余談だが、この点から見た放出するトリチウム水は「飲める」という麻生副首相（当時）発言の意味である。第4点は、これらの諸要因を考慮した場合、UNSCEARの集団線量リスク係数から、事故原発からのトリチウムの放出について、どのような危険度が導き出されるであろうかということを大まかにでも推計することである。

数字が多く出て読みづらく感じる場合、読み飛ばしても論の展開上大きな支障はない。

1　UNSCEARによるトリチウム放出の集団線量リスク係数

UNSCEARは、「福島原発事故では被曝被害は識別できない」「放射線影響で福島の子供の甲状腺がんは見られそうにない」と主張するなど、「似非科

※41　翻訳者として付言すれば、フェアリー氏は、危険hazardの複数形hazardsを使っており、それによって危険の程度や数値を表していると解される。

学」に基づいて放射線被曝被害を否定し正当化する国際的なデマゴギー機関に成り下がっていると言われても仕方がない。だが、UNSCEARの見解は、トリチウムの被曝リスク係数を極度に小さく設定し「ゼロ」に近い水準にまで引き下げているが、それでも日本政府や政府側専門家たちとは違って、トリチウムの被曝リスクや被曝の危険性を決して「ゼロ」とはしていない。それが、世界の住民の被害リスクを明示にした上で放出を正当化するという露骨極まる政策の反映であるのか、被曝被害の否定と住民への被曝強要という基本線を隠すための「イチジクの葉」であるのか、二面性あるいは二枚舌と言うべき自己矛盾の偶然の露見であるのかを見極めるのは困難であるが。

もちろん、以下に見るように、UNSCEARのトリチウムリスク係数は、極度に著しい過小評価であり、法外に小さい数字に矮小化されている。だが、リスクは「ある」とされている。このことは重要である。過小評価の度合いについては後に検討するが、ここでは、UNSCEARのリスク係数に基づいて、実際にトリチウム放出による世界的規模の「健康被害が想定できる」ということが重要である。以下にそのことを示そう。

UNSCEAR1993および同2008によるトリチウムの被曝リスクは、放出量1PBq当たりの集団線量で計算されており、この点が注目される。日本原子力開発機構のウェブサイトAtomicaによれば、「集団線量」とは、「集団をつくる住民あるいは放射線業務従事者一人一人が受けた放射線量をその集団全体について合計したもの」で、「人の集団中に確率的影響が発生すると予想される数は、被曝人数と平均線量の両方に比例すると考えられる」ので、「集団の中に生ずる放射線被曝に伴う損害を測る尺度として用いられる」とされている。(Atomica「集団線量」[42])。

ICRP2007が掲げている、放射線の確率的影響のリスク係数をベースとすると仮定しよう(表4-2)。ICRPが認めている低線量被曝リスクはがんと遺伝性影響だけである。

世界の放出量については、上で検討したように、単純化のため、まだし

※42 https://atomica.jaea.go.jp/data/detail/dat_detail_09-04-02-10.html
UNSCEARによるトリチウム放出のリスク係数(世界に対する集団線量)は以下の通りである(表4-1)。付言すれば、トリチウムの危険性について「過度に強調する」として西尾氏を批判している元NUMO理事の河田東海夫氏は、本来は、危険性を「適度に強調する」としてこのUNSCEARの集団線量リスク係数を引用すべきであった「はず」である。

も不確実性の低いと考えられる液体放出量をベースにし、大気中放出量を大体それと同じと推計し、23PBq + 23PBq = 46PBqであると仮定しよう。UNSCEAR1993によるトリチウムのリスク係数を使うとトリチウム放出量1PBq当たりの被曝被害は、両者を掛けて、以下の通り想定されることになる（表4-3）。

　ここでは、予測される被害の規模ではなく、UNSCEARのトリチウムリスク係数およびICRPの放射線確率的影響リスク係数に従ったとしても、トリチウム放出により被害が「ある」というリスクが十分に想定されるという事実が重要である。トリチウムの「特別の」危険性を指摘する人々を、政府側専門家たちは「過度に」リスクを煽っていると批判するが、もしそうなら「過度ではない」「適度の」リスクはこれだと言わなければならないはずであろう。その場合には、UNSCEARの係数が当然参照されなければならないはずである。だが、ほとんど誰もこのことに言及しない。なぜであろうか？

　UNSCEAR・ICRPのリスク係数自体が、現在の規模でのトリチウム放出が年間約50人のがん発症と約10人のがん致死という、「ゼロに近い」とは決して言えない被曝被害をもたらしている可能性があることを十分に示しているからである。日本政府や政府側専門家が示唆しているトリチウムの被曝リスク「ゼロ」という主張は、明確なUNSCEAR・ICRP違反であるという他ない。

　しかも、ICRP・UNSCEARによるリスクの過小評価を検証し批判している欧州放射線リスク委員会（ECRR）は、UNSCEAR・ICRPの生物学的リスク係数の過小評価率が1000分の1だと推計している。そうだすると、現在のレベルでのトリチウムの放出は、全世界で毎年4万6000人の新たながん発症と9400人のがん死、110人の遺伝性障害の子どもの出生をもたらしている可能性があることになる。通常、リスク評価に使われる50年の期間を取ると、230万人のがん発症と50万人程度のがん死、6000人の遺伝性障害を持つ子どもの出生をもたらしている可能性があることになる。これは明らかに見過ごすことのできないリスクである。

　予め言っておくが、UNSCEARの集団線量係数と同様、このICRPのリスク係数も著しい過小評価である。ジョン・ゴフマン氏は、広島・長崎原爆のデータに基づいてこの過小評価の比率をおよそ8分の1、ECRRは世界全体の

表 4-1　UNSCEAR によるトリチウムのリスク係数（放出量 1PBq 当たりの集団線量 [人・Sv]）

	放出の種類	UNSCEAR1993 のリスク	UNSCEAR2008 のリスク
トリチウム	大気放出	11	2.1
	液体放出	0.81	0.65

出典：UNSCEAR1993 報告書 AnnexB 表 41、UNSCEAR2008 報告書 AnnexB 表 2

表 4-2　ICRP2007 年勧告の想定する集団線量 1 人・Sv 当たりの発症・致死リスク（人）

リスク種類	固形がん発症	うち致死性	白血病発症	うち致死性	遺伝性致死	遺伝非致死
リスク係数	0.165	0.037	0.0042	0.0028	0.0016	0.0004

注記：ICRP2007 年勧告 138 ～ 139 ページの表 A.4.2 により筆者が計算。ICRP は万人・Sv 当たりのリスクで表示されているので人・Sv に換算した。ICRP は遺伝性リスクを致死性と非致死性に分けている。大まかに、前者は流・死産の場合、後者は生児出産すなわち遺伝性障害をもつ子供の出産の場合と考えることができる。

表 4-3　UNSCEAR1993 のトリチウム放出のリスク係数による世界の被害想定（年間、人）

放出種類	固形がん発症	同致死	白血病発症	同致死	遺伝性致死	遺伝非致死
液体リスク	0.134	0.03	0.0034	0.00227	0.0013	0.00032
気体リスク	1.852	0.407	0.0462	0.0308	0.0176	0.0044
合計（年間）	1.986	0.41	0.0496	0.0331	0.0189	0.00472
液体23PBq	45.7	9.4	1.1	0.76	0.435	0.11
（参考50年）	(2290)	(470)	(55)	(38)	(22)	(6)

注記：世界のトリチウム液体放出量 23PBq から、大気中放出量も同じ規模と仮定して、筆者が計算。

死亡者数についておよそ50分の1と評価している（ジョン・ゴフマン『人間と放射線』明石書店［2011年］275ページ、ECRR『放射線被曝による健康影響とリスク評価 2010年勧告』270ページ）。

　ただ、心しておくべきなのは、確率影響のリスク係数や集団線量の考え方の基礎には、極めて多数の放射線医療従事者の被曝被害に関する歴史的研究の積み重ね、広島・長崎の被爆被害の調査、原水爆実験による被爆被害の調査、いろいろな原発事故・核事故での被曝事例の調査、様々な医療被曝事例の事後調査、多数の原子力・核産業従業者の健康調査など、現実的なエビデンスが横たわっているということである（「放射線発がんの疫学的研究」についてのUNSCEAR1994報告書など）。現在、政府や専門家側は、自分で提起した

この考え方を、残念なことであるが、自分で否定しようと努力しているように見える（ICRP2007勧告など）。他方、多くの被曝影響に警告を発する立場の人々は、このような概念や考え方を正当に評価したり利用しようとはせずに、リスクの過小評価などの理由を挙げて、いわば頭から否定する傾向が強い。これら国際機関による福島原発事故の被曝被害の否定論への当然の反発も作用していると思われる。

　いずれにしても、質的な側面と同様、ICRPやUNSCEAR、日本政府・政府側専門家など原発推進勢力による、トリチウム放射線の危険度評価には、文字通り法外で恐ろしい過小評価があるということは確実である。

［トリチウムの危険性を事実上「ゼロ」とする政府の主張は虚偽である］

　日本政府や政府側専門家たちは、崩壊時の放出エネルギーが低い・生物学的半減期が短い（トリチウム水で10日）等を理由に、いろいろ留保を付けて、トリチウムの危険性を認めない。トリチウムの生物学的・放射線学的危険性や健康リスクを事実上「ない」「ゼロ」だとする宣伝は、公然と強まっている。このような日本政府や政府側専門家たちの主張は、ICRPやUNSCEARの立場からしてさえも、全くの嘘であり、虚偽主張であり、デマである。

　ICRP2007年勧告は、トリチウム水の生物学的危険度（外部被曝一般に対する生物効果比RBE）が外部被曝一般よりも高い可能性（1〜3.5倍）を検討しながら、結局「1」（倍）としている（日本語版228〜229ページ）。この評価は極めて問題である（以下に検討する）が、それでも重要な点は、ICRPがトリチウムのリスクを決して日本政府が示唆するような「0（ゼロ）」とは決して評価してい「ない」ことである。

2　ICRPによるトリチウムの被曝線量評価の多重の体系

　ICRPはトリチウムによる被曝線量の評価（ドシメトリー）に当たって、極めて複雑な体系を採用している。おそらくは人為的に複雑化したものであろう。フェアリー氏のまとめによると、それは多重的なもので、主として以下の係数からなるという。

(1) **線量係数**：当該核種の1原子の放射性壊変によって細胞や組織や生物

体に対してもたらされる推定放射線量のこと、1Bq当たりのSvで表される（Sv/Bq）。トリチウムの化学形態（元素ガス、トリチウム水、有機結合トリチウム［OBT-1およびOBT-2］）についてそれぞれ与えられている。

(2) **RBE**：生物効果比または生物学的効果比、放射線の与える生物学的影響を基準となる放射線との比較で示した値。被曝線量は同じでも、トリチウムによる被曝が、他の核種と比較してどの程度の生物学的な危険度をもつかを表す係数と考えられる。

(3) **WR値**：「線質係数」または「Q値」。組織内の荷電粒子の飛跡に沿った電離密度に基づく放射線の生物学的効果を特徴づける係数、放射線の性質による生物学的な影響の強さを表すとされる。吸収線量（Gyで表される）から等価線量（Svで表される）に変換するときに前者に掛けられる係数で、現在ICRPは「放射線荷重係数」と呼ぶことが多いようである（1990年勧告）。トリチウムのWR値は1970年までは1.7であったが、水爆製造と原発推進の目的から「原子力産業界と軍」の圧力の下、1に引き下げられ、それが現在も続いている。ICRP主委員会の委員であったカール・モーガン氏は少なくとも3以上、適切な値は5であろうと勧告したとしている（カール・モーガン『原子力開発の光と影』昭和堂［2003年］155ページ）。

(4) **電離密度（LET）効果**：飛跡の単位長さ当たりに付与されるエネルギー量の相対的な大きさ。すでに述べたようにトリチウム原子核の壊変により生じるβ粒子（すなわち電子）は、放出エネルギーが低いため飛程が短い。このためトリチウムβ線は単位飛距離あたりのエネルギー量が炭素14や他のβ線放射体に比べてはるかに大きいという。この係数についてフェアリー氏は、具体的な数値を挙げて検討しておらず、ここでは指摘するだけにとどめる。

(5) **生物学的半減期による補正**：線量係数の算定に当たって反比例の関係にある。これについてはICRPはトリチウム水に10日間という極めて短い仮定を採っているが、実際には最大550日までにすべきデータがある。この点はすでに検討済である。

(1)の**線量係数**については後に詳論する。しかし、以下に述べるように(2) RBEの検討からだけでも、トリチウムの危険性の恐るべき過小評価が明らか

になる。

フェアリー氏は、2007年の著作で、トリチウム水の線量評価について、(2) のRBEに関しておよそ「2倍」、(3) のWR値に関しておよそ「3倍」、(4) のLET効果および (5) の生物学的半減期などその他の係数でおよそ「2倍」とすべきであろうしている。つまり、ICRPなど国際機関のリスク係数には、(2) 〜 (5) を検証するだけで、およそ「12倍程度の過小評価」が明らかになると指摘している（前掲書第2部の結論）。

3　トリチウム水の生物学的危険度：2 〜 3倍

UNSCEAR2006年報告は、「トリチウムのベータ粒子は、ガンマ線やX線より大きな生物学的効果比RBEをもつ。低線量または低線量率では、酸化物（トリチウム水）の形でRBE値が2 〜 3であり、有機分子に結合した形では、さらに高いRBE値が提唱されている」（123ページ）と明記している。

野村大成氏（大阪大学医学部名誉教授、現医薬基盤研究所研究リーダー）らは「トリチウム β 線のRBEとその線量率依存性」研究プロジェクトにおいて、マウスの実験に基づいてトリチウムのRBEを2.7と推計している[43]。UNSCEAR2006年報告の上の評価はすでに1989年に実験的に確認されていたのである。

4　有機トリチウムの生物学的危険度：10 〜 60倍

UNSCEAR2006年報告は「有機トリチウムのさらに高いRBE」の具体的な数値を挙げていない。澤田昭三氏は、同研究プロジェクトの「研究の総括と今後の研究課題」において「有機結合型トリチウムはHTO（トリチウム水）に比べてマウス初期胚の発生に対する効果が5 〜 20倍くらい高いことがわかった」としている[44]。つまり、野村氏の研究をベースとすれば、有機結合

※43　野村大成・山本修「トリチウムによるマウス固体での遺伝子突然変異の誘発」『「トリチウム β 線のRBEとその線量率依存性」平成元年度文部省科学研究費補助金研究成果報告書』所収
※44　澤田昭三（当時広島大学原爆放射能医学研究所）「研究の総括と今後の研究課題」『「トリチウム β 線のRBEとその線量率依存性」平成元年度文部省科学研究費補助金研究成果報告書』所収

型トリチウムのRBE（生物学的危険度）は、これ（5〜20倍）に上記の2.7をかけて、13.5〜54倍となるということになる。UNSCEAR2006年報告の挙げている数値2〜3をベースにすれば、これに5〜20倍をかけておよそ10〜60倍ということになる。

5　ECRRによるトリチウムの危険度評価計算：50〜600倍

ECRR2010年勧告は、トリチウムによる内部被曝の「生化学的強調係数」（ほぼRBEに相当する係数）を10〜30と推定している（日本語版96ページ）。つまり、外部被曝およびカリウム40による内部被曝に比較して、トリチウムによる内部被曝には10〜30倍の危険度があるということである。ECRRは、上記で検討した「有機トリチウム」のとくに高い危険度（澤田氏によるトリチ

表4-4　ECRRによる核施設近隣に居住する子供らにおける過剰な白血病とがんのリスクを立証している研究

核施設	年	ICRPリスクの何倍か	備考
aセラフィールド／ウィンズケール、英国	1983	100〜300	COMAREによってよく調べられた：大気と海への高いレベルの放出
aドーンレイ、英国	1986	100〜1000	COMAREによってよく調べられた：大気と海への粒子状の放出
aラ・アーグ、フランス	1993	100〜1000	大気と海への粒子状の放出：生態学的、症例参照研究
cアルダーマストン／バーフフィールド、英国	1987	200〜1000	COMAREによってよく調べられた：大気と河川への粒子状の放出
bヒンクリーポイント、英国	1988	200〜1000	沖合の泥土堆への放出
dハーウェル（英国）	1997	200〜1000	大気と河川への放出
bクリュンメル、ドイツ	1992	200〜1000	大気と河川への放出
dユーリッヒ、ドイツ	1996	200〜1000	大気と河川への放出
bバーセベック、スウェーデン	1998	200〜1000	大気と海への放出
bチェプストウ、英国	2001	200〜1000	沖合の泥土堆への放出
全ドイツ：KiKK	2007	1000	様々なタイプをあわせたもの

a海に放出している再処理工場、b海あるいは河川に放出している原子力発電所、c核兵器あるいは核物質製造工場、d地域の河川に放出している原子力研究所
CMARE：英国「環境中放射線の医学的側面に関する委員会」Committee on Medical Aspects of Radiation in the Environment
注記：ヒンクリーポイント、クリュンメル、バーセベック、チェプストウが原発、KiKK が原発関連である。
出典：ECRR2010 年勧告邦訳 194 ページ

ウム水の5〜20倍）について触れていないようである。ECRRと澤田氏による2つの係数を掛け合わせるとX線やガンマ線による外部被曝に対して50〜600倍となる。

この50〜600倍という数値は、ECRRが引用している、運転中の原発や核施設の周辺地域で観察されている子供の白血病の高い発症率の数値（表4-4）を説明する要因の1つとなるであろう。原発や核施設は、莫大な量のトリチウムを放出するからである。子供の放射線感受性の高さ（ICRPの過小評価された数字でさえも2〜3倍）を考慮すると、子供について100〜1800倍であり、1000倍はその範囲内に含まれる。

2014年にはフェアリー氏は、とくに小児の白血病については「1万〜10万倍」の過小評価（つまり「1万分の1から10万分の1への」過小評価）の可能性を指摘している（前掲論考）。

6　トリチウムのリスク過小評価の「核心」
――線量係数（Sv/Bq）の極度の過小設定

トリチウムのリスク過小評価の核心にあるのは、ICRPによる線量係数（Sv/Bq）の極度に過小な設定であると考えるべきである。このことは、政府の多核種除去設備等処理水の取扱に関する小委員会資料および日本放射線影響学会・放射線災害対応委員会資料が明らかに示している。

トリチウムの危険性を評価する場合、ICRPによる「トリチウムの線量係数」、すなわちトリチウムの放射能量ベクレルを被曝量シーベルトに換算する係数（単位はSv/Bq）が極めて小さな値に設定されていることに気づくであろう（1.8×10^{-11}Sv/Bq）。われわれも前著『放射線被曝の争点』緑風出版（2016年）の中でこの問題に言及した（第2章を参照のこと）。ここでは、このような数値が一体どこから導き出されているか、なぜこのような過小評価が生じるのか検討したい。

すなわち、①汚染水の海洋放出を正当化する目的をもって作成されたと思われる政府側の2つの文書、政府の多核種除去設備等処理水の取扱に関する小委員会資料「トリチウム水およびトリチウム化合物の生体影響について」

および日本放射線影響学会編「トリチウムによる健康影響」[※45]が示唆しているように、トリチウムの線量係数は、マウスでの動物実験の「致死量」（マウスの腹腔内へのトリチウム水の投与）をベースに推計されている可能性が高い、②トリチウム β 線による内部被曝の特殊性（短飛程で1回の崩壊でおよそ1個の細胞にしか損傷を及ぼさないこと）を考慮すれば、マウスの腹腔内へのトリチウム水投与による致死量に基づくこのような方法がトリチウムによる被曝影響の極めて大きな過小評価を導かざるをえない、③その結果、トリチウムの放射線の危険性と被曝リスクの文字通り「危険な」過小評価を結果せざるをえない、ということである。

　たとえば、日本政府のトリチウム水の基準は「飲用」も含めて6万Bq/Lである。政府の説明では、この濃度のトリチウム水を毎日2リットル、1年間飲んだとしても（すなわち6万Bq×2L×365日＝計4380万［4.38×10^7］Bqを経口摂取したとしても）、Svに換算した被曝量は0.8mSv程度であり（詳しくは本章第9節を参照のこと）、政府の通常時の公衆の被曝基準である1mSvに達しない、だから「安全」であるという。これが公式の政府見解である。

7　6万Bq/Lのトリチウム水を日常的に飲用すれば何が起こると予測されるか？

　では、現にある実験結果から考えて、6万Bq/Lのトリチウム水を飲用すれば何が起こると予測されるだろうか？

　すでに1970〜1980年代から、ヒトのリンパ球の染色体異常の発生率が、0.001μCi/ml（すなわち3万7000Bq/L。Ci＝キュリー）以上の濃度のトリチウム水中で高くなることが実験的に明らかになっている[※46]。細菌を使った実験では、これもまた、最小で0.001μCi/ml（すなわち3万7000Bq/L）の濃度のト

※45　多核種除去設備等処理水の取扱に関する小委員会資料3-1「トリチウム水およびトリチウム化合物の生体影響について」（著者は茨城大学田内広教授）
　　　https://www.meti.go.jp/earthquake/nuclear/osensuitaisaku/committtee/takakusyu/pdf/011_03_01.pdf
　　　日本放射線影響学会放射線災害対応委員会編「トリチウムによる健康影響」
　　　https://jrrs.org/assets/file/tritium_20191212.pdf
※46　堀雅明、中井斌「低レベル・トリチウムの遺伝効果について」保健物理,11,1-11（1976）
　　　https://www.jstage.jst.go.jp/article/jhps1966/11/1/11_1_1/_article/-char/ja/

リチウム水までDNA失活（活性が失われ機能しなくなること）が観測されてきた※47。これらの観測事実は専門家の間では既知のこととなっていた。毒物学（毒性学、トキシコロジー）の規定する「最小毒性量（Least Observed Adverse Effect Level、LOAEL）」は、3万7000Bq/Lである可能性が十分に示されてきた。

日本政府が放出（飲用も含めて）の基準としている6万Bq/Lは、明らかにこの3万7000Bqよりも高い。すなわち、染色体異常あるいはDNA活性に対する影響が十分に想定されうる濃度である。6万Bq/Lは毒物学（毒性学、トキシコロジー）の規定する「最小毒性量（LOAEL）」を「超える」濃度であり、危険性が「ある」レベルであるということができる。

普通、毒物学（毒性学）の教科書では、許容量は最小毒性量の1000分の1とされている（日本トキシコロジー学会教育委員会編『トキシコロジー』朝倉書店［2009年］4ページ）。すなわち、毒物学的には、人間が1日に2リットルの水を飲用すると仮定して、トリチウム水の飲用基準（許容摂取量）は、最小毒性量（3万7000Bq）の1000分の1の2分の1、すなわち18.5Bq/L（37Bq÷2L）とならなければならないはずである。フェアリー氏によれば、カナダのオンタリオ州ACES勧告値やアメリカの2つの州（カリフォルニア州とコロラド州）の

表4-5　世界各国・機関のトリチウム水の飲用基準および排水基準

国・機関	飲用基準（Bq/L）	排水基準（Bq/L）
オーストラリア	76,103	
日本	（事実上60,000）	60,000
——麻生副首相「飲める」と発言2021年4月13日	1,500	
フランス		40,000
フィンランド	30,000	
WHO	10,000	
スイス	10,000	
ロシア	7,700	
カナダ・オンタリオ州	7,000	
——同州1994年ACEAS勧告、実施されなかった	当初100→5年後20	
アメリカ（EPA）	740	37,000
EU	100	
アメリカ・コロラド州	18	
アメリカ・カリフォルニア州	15	

注記：Ontario Government's Advisory Committee on Environmental Standards（ACES）
出典：Wikipedia「三重水素」、フェアリー『トリチウム・ハザード・レポート』より作成

基準値は実際にこのレベルとなっている（表4-5）。

　日本の排出基準であり事実上の飲用基準である6万Bq/Lは明らかに健康に有害である可能性のあるレベルであり、この事実は、専門家であれば誰もが知っている「はず」の実験データによって明らかである。

8　麻生副首相の「処理水は飲める」発言をめぐる国際的「騒動」——麻生副首相が結局「飲まなかった」事実は「処理水の健康影響の危険性」を示している

　麻生副首相は、2021年4月13日、福島事故原発から海洋廃棄することになっている汚染水（トリチウム水濃度で1500Bq/L）を「飲んでも何ということはない」と発言した。これに対し中国外務省の報道官は「『飲める』と言うのなら、飲んでから言ってほしい」と批判した。これに対しても麻生副首相は16日に再度「飲める」と繰り返した[48]。

　つまり、毎日2リットルとして1500Bq/Lのトリチウム水3000Bqを長期にわたり「飲める」（もちろん幼児も子どもも含めて）というのは、驚くことに、日本政府の、日本の副首相じきじきの、「公式」見解なのである。年間で累計110万Bq、生涯で（70年で取って）およそ8000万Bqのトリチウム水を飲んでも「無害だ」という主張なのである。

　コップ1杯200mlとしてトリチウムは300Bq程度でしかない。だが、それでも麻生副首相は、実際には「飲んでいない」。1年続けて飲むことはおろか1回も飲んでいない。この事実は何を示すだろうか？　この程度の濃度のトリチウム水を飲むことが「現実に健康上のリスクがある」か「健康上不適切であることが明確である」ということである。麻生副首相が中国当局者に嘲笑され挑発され馬鹿にされても、「実際には飲まなかった」という事実は重い。トリチウム水の危険性が政府の言うような「風評」ではない、「現実にある危険」「実害をもたらすリスク」であるということを端的に示している。

※48　朝日新聞デジタル　https://www.asahi.com/articles/ASP4J67HDP4JULFA022.html

第5節　ICRP「線量係数」の秘密——線量係数操作のからくり

　なぜこのような事態が生じるのであろうか？

　麻生副首相の「飲める」発言が引き起こした国際的「騒動」の背景には、トリチウムの「安全・安心」を「うそ」であろうが「脅し」であろうが「デマ」であろうが、どんな手段を使っても国民に印象づけ押しつけたいという日本政府・原発推進勢力・専門家達の意図が見えている。だがこの点は、いまは置いておこう。科学的外観を呈しているかに見える「論理」として取り扱おう。そうすると、その秘密が、ICRPが定めているトリチウムの線量係数（放射能量Bqを被曝線量Svに換算する際の預託実効線量係数）にあると考えるしかないことが明らかになる。

　検討に入る前に予め指摘しておきたいのは、ここでのいろいろな数字がすべて大まかな概数であるという点である。線量係数の実際の計算や運用にあたっては、さらにいくつかの「定数」や「関数」が導入されて複雑な計数操作が行われるが、ここではこれらについては、すべて捨象することとする。すなわち、ICRPによる線量係数の過小評価は、そのような計数操作の枠を超える規模であるということである。

　ICRPによるトリチウムの線量係数は、トリチウムの危険性を過小評価する際の中心的役割を担っている。たとえば、トリチウム水（HTO）の線量係数は1.8×10^{-11}Sv/bqとされている。これはセシウム137の係数（1.3×10^{-8}Sv/Bq、これも大きな過小評価であるが）の約720分の1にすぎない。日本放射線影響学会編「トリチウムによる健康影響」が掲載している線量係数の表を、日本原子力学会のデータとともに下に引用する（表4-6および4-7）。

1　もしトリチウムがセシウム137であったら？

　「線量係数」の議論はわかりにくいので、日本政府の言うトリチウム水6万Bq/Lの「基準」を例に少し詳しく考えてみよう。

表4-6　経口摂取の場合のトリチウム水の預託実効線量係数（Sv/Bq）と倍率

	トリチウム水	セシウム134（倍）	セシウム137（倍）	ヨウ素131（倍）
3ヵ月児	6.4×10^{-11}	2.6×10^{-8}（Tの406倍）	2.1×10^{-8}（328）	4.8×10^{-8}（750）
1歳児	4.8×10^{-11}	1.6×10^{-8}（333）	1.2×10^{-8}（250）	1.8×10^{-8}（375）
5歳児	3.1×10^{-11}	1.3×10^{-8}（419）	9.6×10^{-8}（3097）	1.0×10^{-8}（323）
10歳児	2.3×10^{-11}	1.4×10^{-8}（609）	1.0×10^{-8}（435）	5.2×10^{-8}（2260）
15歳児	1.8×10^{-11}	1.9×10^{-8}（1056）	1.3×10^{-8}（722）	3.4×10^{-8}（1888）
成人	1.8×10^{-11}	1.9×10^{-8}（1056）	1.3×10^{-8}（722）	2.2×10^{-8}（1222）

出典：日本放射線影響学会　放射線災害対応委員会編「トリチウムによる健康影響」
https://jrrs.org/assets/file/tritium_20191212.pdf

表4-7　トリチウムの化学形態別および年齢別の線量係数

年齢	線量係数 （Sv/Bq）		（単位接種放射能当たりの実効線量）		
	経口摂取		吸入摂取（可溶性またはガス状）		
	HTO	OBT	HTO	OBT	HT※
3ヵ月齢	6.4×10^{-11}	1.2×10^{-10}	6.4×10^{-11}	1.1×10^{-10}	6.4×10^{-15}
1歳	4.8×10^{-11}	1.2×10^{-10}	4.8×10^{-11}	1.1×10^{-10}	4.8×10^{-15}
5歳	3.1×10^{-11}	7.3×10^{-11}	3.1×10^{-11}	7.0×10^{-11}	3.1×10^{-15}
10歳	2.3×10^{-11}	5.7×10^{-11}	2.3×10^{-11}	5.5×10^{-11}	2.3×10^{-15}
15歳	1.8×10^{-11}	4.2×10^{-11}	1.8×10^{-11}	4.1×10^{-11}	1.8×10^{-15}
成人	1.8×10^{-11}	4.2×10^{-11}	1.8×10^{-11}	4.1×10^{-11}	1.8×10^{-15}

※肺中のHTガスからの照射による線量は含まれておらず、これを加算すれば約20％増になると
　見積もられている。
出所：ICRP Pub72（1995）
出典：武田洋ほか「トリチウムの影響と安全管理」『日本原子力学会誌』39(11)、923ページ（1997年）
引用：Atomica「トリチウムの環境中での挙動」
https://atomica.jaea.go.jp/data/pict/09/09010308/01.gif

　政府は1日に基準値のトリチウム水を2リットル飲むと仮定している。つまり、1日のトリチウム水の経口摂取による被曝量は、6×10^4Bq×2＝12×10^4Bqである。政府は、この濃度のトリチウム水を1年間（365日）飲み続けると仮定しているので、年間の被曝量は：

　　12×10^4Bq/日 ×365日＝4380×10^4Bq＝4.38×10^7Bq（4380万Bq）

となる。

　これを被曝線量の単位とされるシーベルト（Sv）に変換する際に使う定数が「線量係数」である。トリチウム水の線量係数は、日本政府が採用しているICRP体系によれば上記の通り、1.8×10^{-11}Sv/Bqである。したがって、年間のトリチウム水摂取による被曝線量は：

　　$(4.38\times10^7$Bq$)\ \times\ (1.8\times10^{-11}Sv/Bq)\ =7.884\times10^{(7-11)}$ Sv $=7.884\times10^{-4}$Sv

＝およそ0.79mSv

となる。

　これが、日本政府による、6万Bq/Lのトリチウム水を毎日2リットル1年間飲んでも被曝量が一般公衆の基準値1mSvに達しないとする主張の根拠となっている。

　いま、「線量係数」の一種の「マジック」を示すために、この場合飲用するのがトリチウム水ではなく、セシウム137が含まれる水であると仮定しよう。つまりセシウム137を6万Bq/L含む水を、毎日2リットル1年間飲用すると仮定しよう。セシウム137の「線量係数」は、上記の通りトリチウム水の720倍である1.3×10^{-8}Sv/Bqであるので、上と同じように計算して、年間の被曝線量は：

$$(4.38 \times 10^7 Bq) \times (1.3 \times 10^{-8} Sv/Bq) = 5.694 \times 10^{-1} Sv = およそ570mSv$$

となる。

　これは、以下に検討する政府・放医研の文書でさえ放射線致死線量（0〜10%致死量）の下限値とする値のおよそ半分に相当する被曝量である。つまり2年間飲み続ければ、致死線量下限値（10%未満の致死）に十分到達する「危険な」レベルである。

　ここに示したように、「線量係数」は、その設定の仕方によって、トリチウム水の場合の一般公衆の基準値以下の「安全域」とされる被曝線量から、セシウムの場合の致死線量下限値近傍の「危険値」の被曝線量まで、非常に広い幅を持って、各々の放射性核種の危険度を人為的かつ恣意的に操作することが可能になる。もちろん、上で検討したいろいろな係数によってもこの操作は可能であるが、線量係数ではとくに大きな幅（10の乗数）を持って設定できるのである。

　係数操作全体の人為的性格については本章の最後で取り扱うことにしよう。

2　政府小委員会資料に引用されたマウスのトリチウム半数致死量

　ICRPなどの国際機関も日本政府も、トリチウムの線量係数が具体的にどのように推計されているかについて、詳しいデータを発表していないようである（たとえばICRPのPub.56［1989年］）。

表 4-8　動物とヒトの放射線半数致死線量 LD50

動物種	LD50全身被曝量 Gy	ヒトとの比
マウス	7	1.75
ラット	6.75	1.69
アカゲザル	5.25	1.31
イヌ	3.7	0.93
ニワトリ※（チキン生後3～40日）	10.0～18.7	2.5～4.68
ヒト	4	1

出典：ニワトリ以外はEric Hall, et al., *Radiobiology for the Radiologist*, 8th edition, Walters Kluwer, 2018, 117ページ（『放射線医のための放射線生物学』英語版）
※ニワトリについてはAstasheva NP et al, Effects of gamma-irradiation on survival, growt and productivity of broiler chicken, Radiats Biol Radioecol. 2004 Jan-Feb;44（1）:43-6. https://www.ncbi.nlm.nih.gov/pubmed/15060939

　しかし、トリチウムの線量係数が動物実験（マウス）での致死被曝量あるいは致死線量に依拠して決められているのではないかということを示唆する状況証拠は実際にある。政府小委員会の資料と日本放射線影響学会の資料はともに、ICRP線量係数がマウスの半数致死量データを基礎にして計算されていることを示唆している。放射線による致死被曝量はほぼ決まった数字である（表4-8）。したがって、それを与える放射能量（Bq数）が推定されれば、それによりおおよその線量係数が計算可能である。

　その1つは、政府の多核種除去設備等処理水の取扱に関する小委員会資料「トリチウム水およびトリチウム化合物の生体影響について」に引用されているマウスの半数致死量（LD50）の実験データである（同13ページ）。そこでは、「半数致死量は8Gy程度（マウスの腹腔内投与で0.56～0.93GBq/g体重）」と記載されている（ここでは中央値を採って0.745GBq/gつまり$7.45×10^8$Bq/gとしよう）。引用されている表にはこのデータがファークナー氏（J.E.Furchner 1957）からの引用であることが示されている。そこではマウスの半数致死量は「4～8Gy」となっており、その中央値は6Gyとなる。だが本文ではなぜか8Gyとされている。ここでは上のホール氏の表（表4-8）にある7Gyを採ろう。

　この半数致死量からトリチウム水の線量係数（Gy＝Sv/Bq）を計算すると、Svは1kg当たりの単位であると考えられるので、マウスでのトリチウム水の線量係数は：

　　7Gy［LD50を与える被曝量］ ÷（$7.45×10^{8+3}$Bq）［LD50を与える1kg当たりのトリチウムのBq数］ ＝ $0.94×10^{-11}$Sv/Bq

次にこれをヒトについて計算してみよう。半数致死量は、大まかだが動物種ごとにほぼ決まっており（表4-8）、マウス（およそ7Gy）とヒト（およそ4Gy）の放射線感受性の比率を（7÷4で）ヒトがマウスの1.75倍の場合で計算してみよう。

　　0.94×10^{-11}Sv/Bq［マウスの線量係数］×1.75［マウスとヒトとの放射線感受性比］＝1.64×10^{-11}（Gy/Bq）

　上記と同様、計算結果は、まったく大まかな推計でしかないが、このデータによればICRPのトリチウム水の成人に対する線量係数＝1.8×10^{-11}Sv/Bq（表4-6および表4-7の成人）とほぼぴったり同じレベルになる。つまり、トリチウムの線量係数が、細かい計算方法はともかく、大まかにはSv（Gy）値が既知となるマウスの致死量の実験データをベースに計算されているのではないかと強く推定される。

3　もう一つの例
——日本放射線影響学会編「トリチウムによる健康影響」

　それを示唆するもう1つの証拠が日本放射線影響学会編「トリチウムによる健康影響」の解説である。同資料では、トリチウムの健康影響の項目は、以下の通り「トリチウムによる個体死への影響」から始まっており、マウスの致死量のデータがトリチウムの線量係数のベースとなり数値決定の重要な要因になっていることが示唆されている。その部分の数値を表にしてみよう（表4-9）。

表4-9　トリチウム水によるマウスの30日以内半数致死量 LD50/30（Brue, A. M. による）

マウスの推計 LD50/30（Gy）	LD50/30を与えるマウスの体重1g当たりのトリチウム水の放射能量 Bq/g	マウスの個体（30g）当たりのトリチウムの放射能量 Bq※
9	3.7×10^7	11.1×10^8※
8	3.3×10^7	9.9×10^8※
8	2.8×10^7	8.4×10^8※
13	4.7×10^7	14.1×10^8※
平均　9.5※	平均　3.6×10^7※	平均※　10.9×10^8※

※印は渡辺による計算
出典：日本放射線影響学会放射線災害対応委員会編「トリチウムによる健康影響」
https://jrrs.org/assets/file/tritium_20191212.pdf

ここでのマウスの半数致死量の幅（8～13Sv）が何によるものなのかは不明であるが、致死被曝量の数値は、動物種ごとに（表4-8参照）ほぼ決まっており、大きく変わるものではない。

　半数致死量濃度からトリチウム水の線量係数（Sv/Bq）を計算すると、Svは上と同様、体重1kg当たりの単位であると考えられるので、マウスでのトリチウム水の線量係数は：

　　　　9.5Sv［LD50を与える平均被曝量］÷（$3.6×10^{7+3}$Bq）［LD50を与える
　　　1kg当たりのBq数］＝$2.6×10^{-10}$Sv/Bq

　ヒトについてのトリチウム水の線量係数を上と同じ方法で計算すると、ヒトでのトリチウムの線量係数は、

　　　　$2.6×10^{-10}$Sv/Bq［マウスの線量係数］×（1.75）［ヒトの放射線感受性比］
　　　＝$4.55×10^{-10}$（Sv/Bq）

　ICRPの$1.8×10^{-11}$Sv/Bqよりかなり大きく、そのおよそ25倍になる。つまり、放射線影響学会のデータからは、マウス半数致死量から推計したとしても、ICRPの線量係数が大きく過小評価されていることが強く示唆される。

　日本放射線影響学会の資料も、トリチウム水の線量係数が、細かい計算方法はともかく、大まかにはSv（Gy）値が既知である致死量の動物実験データを基礎にしていることを十分に示唆している。

4　腹腔内投与による動物実験──トリチウムβ線の特殊性を無視、リスクの法外な過小評価に導く

　政府の放射線医学総合研究所（放医研）が公表している資料（放射線医学研究所編『低線量被曝と健康影響』医療科学社［2012年］）によれば放射線による致死を導く主な要因は①骨髄損傷、②胃腸管・肺・腎臓の損傷、③神経系の損傷である（表4-10）。これらは、がんや白血病、遺伝性疾患、心血管疾患や炎症性疾患など影響が長期に及ぶ放射線リスクとは別の過程である。

　致死量をベースに線量係数を計算する場合には、トリチウムのβ線に特有の属性から、線量係数が小さくならざるをえない固有の事情がある。

表4-10　放射線医学総合研究所によるヒトの放射線致死線量

被曝線量	人体影響	死亡時間	典拠
>50Gy	中枢神経系症候群（致死率100%）	1～48時間後	UNSCEAR1988年報告
>15Gy	神経系の損傷	5日以内	ICRP2007年勧告
10～15Gy	胃腸症候群（致死率90～100%）	2週間後	UNSCEAR1988年報告
5～15Gy	胃腸管・肺・腎臓の損傷	60～150日	ICRP2007年勧告
3～5Gy	骨髄損傷（半数致死量）	30～60日	ICRP2007年勧告
2～10Gy	骨髄症候群（致死率0～90%）	数週間後	UNSCEAR1988年報告
1～2Gy	骨髄（致死率0～10%）	数ヵ月後	UNSCEAR1988年報告

出典：放射線医学総合研究所『低線量放射線と健康影響』179ページ、ICRP2007勧告126ページ

　すでに解説したように、トリチウムの発する β 線は飛程が短く、最大7μm、平均1μmを飛び、1つの細胞（大きさ6～25μm程度）に対して集中的に破壊的影響を及ぼす。つまり、トリチウムは細胞に重大で集中的な損傷を与えるが、1回の壊変でほぼ1個の細胞か、最大でも隣接の細胞を含めた2個程度の細胞にしか損傷を与えない。

　一般に毒物の致死量を確認する場合の動物実験では、①腹腔内投与に加えて、②血管内投与（静注など）、③経口投与などが行われる（池田良雄『薬物致死量集　第7版』南山堂［1968年］など）。だが、なぜか②③でのデータはない。腹腔投与では、とくに血管内投与に比較して、トリチウム水が骨髄にまで拡散する速度や割合が大きく制約される可能性があると考えるべきである。

　つまり、マウスの腹腔内投与という方法では、トリチウムによる内部被曝影響が、比較対象である外部被曝の場合と同じ条件で、体の細胞に均一に分布するとは考えられない。またとくに、第1の致死要因である「骨髄」に侵入する割合は極めて小さくなる可能性があると思われる。

　内部被曝の半数致死量を推計する際に、一般毒物と同じように、腹腔内注射による全細胞に対する被曝を前提することは、自然なこととは言いがたい。たとえば、骨髄は放射線致死（線）量を決定する大きな要因であるが、マウスの骨髄の細胞数は13.8×10^6個（1380万個）程度[49]、多い推計でも$30～50 \times 10^6$個（3000～5000万個）ほど[50]であり、マウス全細胞数の0.07～0.2%である。

※49　松本清司、二村芳弘「CBA/Nマウスの血液および骨髄細胞数」https://www.jstage.jst.go.jp/article/jvms1991/57/4/57_4_755/_article/-char/ja/

※50　（株）ベリタス　ＨＰ　https://www.veritastk.co.jp/products/reference/faq/Faq2_374.html

つまり、たとえば血管内注射のような、骨髄細胞にトリチウムによる被曝損傷がより容易に広がるような実験方法が採られていたならば、LD50を与えるトリチウム水の放射能量はより小さくなったであろうし、その線量係数はより大きなものになったであろうと推測されざるをえないということである。

5　無視された日本における過去のトリチウム研究の成果

　日本においては、1980〜90年代に、核融合研究のベースとして、核融合炉で大量に使われることになるトリチウムの危険性とその被曝リスクについて、集中的な研究が行われ、研究成果は何冊かの報告書にまとめられた（核融合特別研究総合総括班事業『昭和62年度文部省科学研究費補助金研究成果報告書　トリチウム資料集・1988　トリチウム安全取扱目安・改訂版資料検討　同（続）』1988年、澤田昭三研究代表『トリチウム β 線のRBEとその線量率依存性　核融合特別研究 I』1990年など）。だが、意図的かどうかは分からないが、なぜか政府も推進側専門家もこの研究の成果やデータを無視し、大規模な研究プログラムが組織された事実さえも半ば忘れ去られている。

　その中では、トリチウム水THOによるマウスへの線量計算も行われている。ここでは、『トリチウム資料集・1988』所収のいくつかの線量係数の試算を紹介しよう。それらはいずれもICRPの係数が異常といってよいほどの法外な過小評価であることを示している。

(1)　**横路謙次郎氏**による「トリチウム水投与の場合の線量計算」(284ページ)。これは、トリチウム水投与によるマウスの**発がん**および**体細胞突然変異**のデータをベースにしたものである。

　　それによれば、マウスにおけるトリチウム水の総吸収線量は、52.08 (rad) / mCi であるという。Sv/Bq に換算すると：

　　(52.08×0.01) Sv $\div$ (37×10^6) Bq $= 0.0141 \times 10^{-6} = 1.41 \times 10^{-8}$　Sv/Bq

　　ヒトについては、感受性がマウスの1.75倍（×1.75）とすると、

　　2.5×10^{-8} Sv/Bq となる。

　　この場合もICRPの線量係数（1.8×10^{-11}）よりも極めて大きい数値に

なる。すなわち 2.5×10^{-8} ／ $1.8 \times 10^{-11} = 1.4 \times 10^3$ 倍程度となる。つまりICRPの係数は**1400倍**（すなわち1400分の1へ）の過小評価となる。

(2) もう一つの事例は、同じ『トリチウム資料集・1988』で公表されている**伊藤彬氏**による線量係数の計算値の紹介である（「これまでの計算例」195ページ）。そこでは、トリチウム水が 1μCi（3.7×10^4Bq）/gの濃度であるとき、水溶液の吸収線量は、0.293cGy/day・μCi・gとなるとされている。cGy/μCi = 10mGy/37×10^3Bq = 2.7×10^{-9}なので、Sv/Bqに換算して、$0.293 \times 2.7 \times 10^{-9} = 7.9 \times 10^{-10}$ となる。

これはICRPの線量係数のおよそ**44倍**となる。過小評価率は、およそ44分の1である。

(3)『トリチウム資料集・1988』で**野村大成氏**は、トリチウム水投与によるマウスの**体細胞突然変異**を研究し、同書288ページの図の結果を得ている。同図によれば、HTOで 60μCi/gが、X線で130R（レントゲン）に相当するということが示されている。つまり、2.22×10^6（$60 \times 37 \times 10^3$）Bq/g が照射線量で 1.3Gyに相当するとされている。

これは、**本行忠志氏**（大阪大学医学部名誉教授）によれば、吸収線量に換算して計算するとおよそ1MBq/g体重が0.1Gyに相当することになるという。マウスの体重（20g程度）を計算に入れると、マウスにおける線量係数は：

Sv/Bqは 5×10^{-9}　となる。

ヒトとマウスの放射性感受性比を1.75とするとヒトについては：

Sv/Bqは 8.8×10^{-9}　となる。

これはICRPの線量係数のおよそ**500倍**となる。

このように、発がん性や突然変異誘発性から、トリチウムの放射線の被曝量すなわち線量係数を推計すると、半数致死量からの推計に比較して、極めて大きな値（44〜1400倍、対数の平均でおおよそ300倍）となる。この点に、トリチウム β 線の特別の危険性が、集中的に現れているということができる。

いまもし上記のデータがそれぞれ不正確ではあっても問題外であるとまでは断定できないとすると、通常、致死量が係わるようなデータでは、予防原則に

基づいて、安全側に傾くよう数値を選択する（err on the safe side）。だが、ここではそのようなことが行われたとは見えない。むしろまったく反対のことが行われているように見える。

6　トリチウムの線量評価はどのように決められたか　──インサイダー（当事者）の証言

　トリチウムは、「放射性物質ではあるが危険度が極めて小さい」という評価に基づいて、ほぼ無際限に放出され、作業員や地域住民の大量被曝が容認されてきた。また同じ評価と論理に基づいて、世界中の原発や再処理工場から莫大な量のトリチウムが環境中に放出され、現在もほぼ無際限に放出され続けている。だが、前述した、ICRPで当事者であったカール・モーガン氏[51]が証言するように、実際には「科学的」評価と「政策」決定との論理的順序は逆転していた。

　つまりトリチウムの無制限の環境放出や作業員さらには地域住民の大量被曝の容認という政策を正当化するために、トリチウムの危険度が意図的に極めて小さいものと評価され、あたかもそれが「科学的」評価であるとする目的で、線量評価の体系が系統的に歪められ、真実が見えないように複雑化され、結局のところ極度の過小評価の体系に矮小化されてきたのである（あわせて言えば、このことは、放射性希ガスや炭素14などのリスクについても、さらには

内部被曝一般の評価、とりわけ放射性微粒子の危険性についても同じである）。モーガン氏は、線質係数（前述のWR値）についてのICRP内部の論争について次のような証言をしているが、極めて示唆的である。

　　「私たちはトリチウムがどれほど危険であるかということを明らかにし、W・S・スナイダー（ORNL［オークリッジ国立研究所］保健物理部の次

※51　カール・Z・モーガン氏は、原爆開発過程で保健物理学的側面を担当し、米国保健物理学会初代会長、国際放射線防護学会初代会長、ICRP主委員会委員、ICRP内部被曝線量委員会委員長、米国放射線防護測定審議会（NCRP）内部被曝線量評価委員会委員長などを歴任した（カール・モーガン『原子力開発の光と影』昭和堂［2003年］訳者まえがき）。

長、ICRPの内部被曝線量委員会の事務局員）と私は、トリチウムの『線質係数』の値を引き上げるよう命がけで努力した」。だが「線質係数が高くなると」「放射線を取り扱っている施設に雇用されている人々の作業条件がより安全になる」が、「産業界と軍にとってこれに対応するためにより困難が生じ経費がかかるので重大なことである」。「スナイダーと私は、トリチウムの線質係数は（当時の）1.7から4あるいは5に上げることを議論した」。「私たちは強い反対に直面した。英国出身のICRPメンバーであるグレッグ・マーレイは、少なくとも原子力産業界がICRPに対して密接な関係を持っていることを率直に認めている。ICRP主委員会の際に、マーレイは、スナイダーと私が求めるより高い線質係数を使えば、作業条件はその分だけより安全になるだろうが、そのように変えると政府はトリチウムを使った兵器製造ができなくなるということを公に認めた。同じことが（アメリカの核兵器工場であった）ロス・アラモスにおいても真実であった」。「私をとくに困惑させたことは、ロス・アラモスでグローブボックスに手を入れている大多数の放射線作業者が婦人だったことである」。「1970年に私がICRPを去って間もなく、トリチウム問題は線質係数を1.7から1に下げることにより解決し、それが現在も残っている」。（モーガン前掲書154〜155ページ）

　だがこのような政策を、大気圏核実験が禁止された後も長期にわたって実行すれば、結果として何が起こるであろうか？

7　各係数の過小評価が重なり合って恐るべき規模に巨大化

　以上を要約しよう。マウスなど動物実験の腹腔内投与による致死量をベースにトリチウムの線量係数（ここではトリチウム水の線量係数）を推計すれば、①Bqを被曝線量Svに換算する（ドシメトリー）の段階で被曝リスクの極めて大きな過小評価となり、②個体死を招く以前の段階での、がんや白血病、遺伝性疾患、心血管疾患や炎症性疾患など、影響が長期に及ぶトリチウム被曝の極めて多面的で長期的な危険性を捨象することになり、③トリチウム放射線の危険性とそれによる被曝リスクを単に量的のみならず多面的かつ質的に

表 5-1　各係数の多重的な過小評価が積み重なって巨大な過小評価が生じている

部面	ICRP	過小評価率	典拠
線量係数 (HTO)		44 ～ 1400	トリチウム資料集・1988
		12	フェアリー
生物学的効果比RBE	1	2 ～ 3	UNSCEAR2006、フェアリー
有機トリチウム		10 ～ 30	ECRR2010
		5 ～ 20	澤田昭三
線質係数 (WR、Q値)	1	5	モーガン
		2	フェアリー
LET効果	考慮せず		フェアリー / 具体的な数字は挙げていない
OBT/HTOの生物半減期比	考慮せず	55	小松
DNA取込みTアミノ酸	考慮せず	2 ～ 4	Feinendegen
同放射線危険度		25 ～ 30	Feinendegen
別の放射線危険度推計		4	Commerford、小松・斉藤・石田
集団線量のリスク係数		8	ゴフマン
		2 ～ 55	ECRR2010

注記：上記引用した各データより著者作成。現実にはこれらの過小評価の積が問題になることに
　　　注意。

過小評価することになり、④今後長期にこのような体系が実行されていくな
らば人類の生存そのものを脅かしかねない悲劇的結果に導いていくことにな
らざるをえない（第5章で取り扱う）、ということである。

　致死量を与える放射能量が非常に大きくしたがって極めて「弱い」放射線
とされていても、細胞に対する損傷の度合いと長期的な被曝リスク（確率的
影響と呼ばれているがさらに広く考えるべきである）が極めて大きい核種が存在
するが、その典型的な事例がトリチウムなのである（もう1つのC14について
は付論を参照のこと）。

　以上検討してきたことから、ICRPのトリチウム水の線量係数には、実験
値から見て、最小で44分の1、最大で1400分の1という極めて大きい過小評
価があり、これを基礎にトリチウムのリスクを評価することは、恐ろしい結
果を引き起こす可能性があるということが明らかになる。上で検討した、現
行のトリチウムの危険度の係数（上記 (1) から (5) の総合）が、およそ1000
分の1程度の過小評価であろうというECRRやフェアリー氏の評価の妥当性
が、この面からも確認できる。これは、成人に比較して、胎児や子どもの放
射線感受性の高さ（10 ～ 100倍）を考慮すると、フェアリー氏の、過小評価
が1万～ 10万分の1であろうという指摘の蓋然性も十分確認できる。

表 5-2　UNSCEAR1993 のトリチウム放出リスク係数による世界の被害想定の補正（年間、人）

放出種類・過小評価	固形がん発症	同致死	白血病発症	同致死	遺伝性致死	遺伝非致死
液体年間 23PBq と仮定	46	9.4	1.1	0.76	0.44	0.11
過小評価 1/1000 の場合	4万6000	9400	1100	760	440	110
過小評価 1/10 万の場合	460万	94万	11万	7.6万	4.4万	1.1万
集団線量リスク 1/8 の場合	3680万	750万	88万	61万	35万	8.8万

注記：世界のトリチウム液体放出量 23PBq から、大気中放出量も同じと仮定して、筆者が計算。

　ICRPのトリチウムの線量評価の多重性を考慮すると、過小評価は上表のようにまとめられる（表5-1）。

　すでに検討したUNSCEARのトリチウムリスク係数を基礎に、現在のトリチウム放出量がもたらしている可能性の高い被害想定を補正すると表のようになる（表5-2）。「集団線量リスク1/8」は前述のゴフマンの評価をとった場合である（第4節1参照）。

　もちろんこの数字は極めて大まかな概数でしかない。日本政府や専門家たちは「世界の各国もトリチウムを放出している」「だから日本も放出しても問題ない」と主張しているが、「だから」世界中で被害が出ているのであり、UNSCEAR自身がそのことをリスク係数として公式に認めているということになる。各種係数の多重の過小評価によって表向きは見えなくしているが、上記のようにそれを剝がしていけば相当な規模の被害想定になる。

　ICRPやUNSCEAR、日本政府が、原発推進と核開発、結局は核兵器開発の利害を優先して、トリチウムとその β 線のもつ危険性を文字通り恐るべき規模で過小評価していること、それが恐るべきリスクを全世界的にもたらしていること——この事実こそ真正面から認識すべき時である。

第6節（付論） 放射性炭素14の危険性

　トリチウムの危険性についての概説を終わる前に、残された課題として、事故原発に大量に溜まっているとされる炭素の放射性同位体である炭素14（C14あるいは¹⁴Cと表記）の危険性を簡単に検討しておこう。国際環境保護団体グリーンピースは「東電福島第1原発　汚染水の危機2020」[※52]を公表し、その中で汚染水に含まれる炭素14の放出の危険性をトリチウムの危険性と並んで指摘している。原子力資料情報室の伴英幸氏もまた、郡山や東京などの講演で炭素14の危険性とそれによるトリチウムの有機結合トリチウムへの変化の危険性を警告している[※53]。これらは、極めて重要な指摘だと考える。汚染水タンク中のトリチウムはすでにかなりの割合ですでに**有機トリチウム**になっている可能性が高いだけではなく、それ自体放射性の炭素14を含む有機物と結合した有機トリチウムとなっていると考えるべきであろう。福島事故原発から放出されようとしている汚染水は、福島県と広範囲の周辺住民を、放射性の水素であるトリチウムと放射性の炭素である炭素14との**複合被曝**に曝そうとしているのである。

　炭素の安定同位体は炭素12で陽子6個と中性子6個からなる。炭素14は中性子が2個多く、陽子6個と中性子8個である。炭素14は大気圏上層で、宇宙線として飛来する中性子と空気の主成分である窒素14との反応により生成される。

　窒素14（陽子7個・中性子7個）＋中性子→**炭素14**（陽子6個・中性子8個）＋
　　陽子（水素）

　炭素14は、「弱い」β線（電子）を放出（中性子1個が電子1個を放出して陽子に変化）して壊変し、窒素14（陽子7個・中性子7個）に変化する。

※52　https://www.greenpeace.org/static/planet4-japan-stateless/2020/10/ba82306e-radioactivewater_jp_fin.pdf
※53　伴英幸「トリチウムの危険性」原子力資料情報室
　　　https://www.foejapan.org/energy/fukushima/pdf/200503_ban.pdf

炭素14（陽子6個・中性子8個）→窒素14（陽子7個・中性子7個）＋電子（β線）
原子炉内での反応も基本的に同じであると考えられている。放射性物質としての炭素14の顕著な特徴としてここでは以下の3点だけを挙げておこう。

(1) **炭素の放射性同位体**であり、化学的には炭素であるので、生体や有機物のどこにでも入り込むことができる。この点で炭素14にはトリチウムと同様、放射性物質として「特別の」危険性がある。

(2) 放射性物質としての**半減期が5700年と非常に長く**、人工的に一度生成され汚染されると、**半永久的に残留**する。すなわち、炭素14の危険性は人間の寿命との比較では永久に残ると考えなければならない。

(3) 専門家によれば、炭素14は生成されても、炭素として酸化され、二酸化炭素として海水中に溶け込んでそこで滞留するので「危険性は少ない」と評価されている。だが、現在進行中の**温暖化**により、海水への溶解過程が停滞する、あるいは海水中の溶け込んだ二酸化炭素が**大気中に再放出**される場合（現在この過程が始まりつつある）には、放射性二酸化炭素による被曝の危険度が高まり、このような言い訳は通用しなくなっている。

　前述の『放射化学の事典』朝倉書店によれば、炭素14の生成・存在量は、2002年現在で、①自然起源の生成量が年間約1.5PBq。自然の大気中存在量が約150PBq、地球上の天然存在量総計が約1万3000PBq、②核実験による総生成量が約213PBq、③原発・再処理工場からの放出量が年間0.092PBq（92TBq。そのうち大気中放出71TBq、液体放出21TBq）、総放出量が2.8PBq（これのみ1997年までの総計）であるという。

　原発・再処理工場からの放出量は、15年間で自然起源の年間放出量にほぼ等しいことになる。2002年から現在（2021年）までに原発・再処理による放出量はさらに増加していると思われるので、現在おそらく原発・再処理工場からの放出量は自然起源の生成量の1割を超えているものと思われる。

　東京電力「ALPS処理水　告示濃度比総和別貯留量の更新について」（2020年8月27日）から、文書の通り、告示濃度比0.11（C14告示濃度は2000Bq/Lなので220Bq/L）として計算すると、汚染水中の炭素14の量は0.264TBq程度とな

表6付-1　炭素14の環境中での生成・存在量（2002年）（福島については2020年現在）

	生成量（PBq）	存在量（PBq）
自然中の生成	年間1.5	
大気中		150
天然存在量（大気中+海水中）		13,000
核実験による生成（主に1950～1963）	総生成量213（年間15程度）	
原発・再処理工場による生成	総生成量2.8（1997年まで）	
原発による生成（年間）	0.053	
再処理工場による生成（年間）	0.018（大気中）/0.021（液体）	
福島事故タンク貯留量（東電発表の数値より計算）		0.00026（0.26TBq）

出典：日本放射化学会『放射化学の事典』朝倉書店（2015年）より作成。東電「ALPS処理水告示濃度比総和別貯留量の更新について」（2020年8月27日）のデータより、告示濃度比0.11（C14告示濃度は2000Bq/Lなので220Bq/L）として計算。

る。かなりの量であることがわかる。

　以上をまとめると上表のようになる（表6付-1）。

　同書は、人工の炭素14について、「施設放出による^{14}C濃度レベルの増加は比較的施設周辺に限られて」いることにとくに注目している（215ページ）。つまり、炭素14による汚染とそれによる健康リスクは、原発や再処理工場周辺において集中して蓄積していく傾向があるということである。すなわち、政府が計画しているように、福島事故原発から大量の炭素14を放出すれば、福島周辺でこのような蓄積過程が起こる可能性が高いということになる。

　政府や専門家の議論では、天然の放射性物質であり、「弱い」放射線しか出さない（本論考第1章参照）ことに加えて、炭素の生物学的半減期が「約40日」とされ、短期間で体外に放出されるので危険性は少ないと強調されている。だが、生物学的半減期について、上述したフェアリー氏は、OBT-2の半減期が500日超であることだけから見ても、このような見解には根拠がないと述べている（フェアリー前掲、第2部第13章）。また、炭素14は、トリチウムと同様、有機炭素として植物や動物など生態系内部に広く蓄積され、それを人間が摂取した場合人体内で長く蓄積される可能性がある。

　最後に、今やほとんど忘れ去られている2つの事実を指摘してこの項を終わろう。

ライナス・ポーリング博士は、量子化学の創始者の一人としてノーベル化学賞を受賞し、さらに原水爆禁止運動・核実験反対運動において主導的役割を果たし、それによって同平和賞とを受賞した。同博士は1958年に刊行された著作[※54]のなかで、1節を割いて（「炭素14は脅迫する」）、炭素14の数千年にも及ぶ寿命と、それがもたらす深刻この上ない健康影響、とりわけ遺伝的影響に、強い警告を発している。ポーリング氏は、炭素14について、「他の寿命の短い放射性元素よりはるかに大きい脅威を人類に与える」「核爆発で生み出される放射性物質のうちでいちばんおそろしい」ものであると書いている。

　もう1つは、1959年原水爆禁止世界大会において世界に向けて発せられた文書である。上記ライナス・ポーリング博士を筆頭に物理学者の坂田昌一氏をはじめ世界の26人の科学者が名を連ねている「第5回原水爆禁止世界大会に集まった科学者のアピール」（1959年8月7日付）である。それは、「放射能被害」に関して「とくに注目する必要がある」諸点の1つとして、ストロンチウム90と並んで、炭素14の危険性を特記して警告している。その部分を引用して本節を終わろう。

　　「水爆実験の結果、大気中の炭素14は最近5年間に10パーセントふえている。この放射性物質は通常の炭素とともに人体に入り込み、約5600年にわたる半減期をもって放射線を出し続ける。炭素14は今後幾十世代にわたり遺伝的および身体的影響を人体に及ぼし続けるであろう。」[※55]

　炭素14は、現在も、トリチウムや放射性希ガスなどとともに原子力発電所や再処理工場の稼働により放出され、放出量は世界的に増加しつつある。このポーリング博士や坂田昌一氏ら当時の科学者たちの警告は、まさしく現在についてぴったりと当てはまる。

※54　原著はLinus Pauling, *No More War*, Dodd, Mead and Co, 1958、邦訳は丹羽小弥太訳『ノーモア ウォー』講談社（1959年）71〜73ページ。

※55　原水爆禁止日本協議会編『原水爆禁止世界大会宣言・決議集　第1回―第20回』（1975年）42〜43ページより引用。

第2章

トリチウム問題の核心〜その人体への影響

[この章は、たんぽぽ舎から発行されたパンフレット「放射能で汚染された水で海を汚染するな！」（2021年1月）の第1章を改訂・増補したものです]

はじめに

　世界中の核施設周辺で子どもたちに異変が起きている。しかし、様々な調査で、小児白血病などの増加が指摘されても、常に核産業側や政府が介入して、「原因不明」とされてきた。御用学者たちは「放射能が原因とするには被曝線量が低すぎる」と言い訳してきた。しかし、そもそも国際放射線防護委員会（ICRP）によって、核産業側にとって都合のいい「線量係数」などという〝でっち上げの数字〟を使うことにより放射線科学が歪められてきたのだ。そうして、最大限誤魔化されてきた最たるものが、トリチウムなのだ。かつて、ICRPの内部被曝線量委員会委員長だったカール・Z・モーガンは、「トリチウムの線量係数を上げるよう命がけで努力したが、強い反対に直面した」と述べている。そしてICRPは、結局、カール・Z・モーガンがICRPを辞めた後に、トリチウムの線量係数を逆に引き下げてしまったのだ[※1]。政府・核産業・軍にとって、今、最も都合の悪いことは、トリチウムの生物への影響に関する真実が暴かれることだ。私たちには、真実を知る権利がある。

I　再処理工場から放出されたトリチウムと青森県のがん死亡率

　青森県六ヶ所村には、日本原燃の再処理工場があり、2020年7月29日に本格稼働の前提となる安全審査に合格し、完成は「2022年上期を目指す」としている。しかし、この再処理工場は、2006年3月から「アクティブ試験」と称して実際の使用済み核燃料を用いて再処理の工程を実施してきた。再処理においては、使用済み核燃料棒を細かく剪断して化学処理する際に、燃料棒の中にあるトリチウムがほぼすべて漏出する。つまり、この間、六ヶ所再処理工場は、本格稼働はしていなかったが、大量のトリチウムを海や大気中に放出してきたのである。アクティブ試験は、前述のように2006年3月から開

※1　カール・Z・モーガンら『原子力開発の光と影』昭和堂 p.154-155)

表2-1　アクティブ試験の進捗率（2020年7月31日現在）

建屋名	進捗率（%）
前処理建屋	100
分離建屋	100
精製建屋	100
低レベル廃液処理建屋	90
分析建屋	100
ウラン・プルトニウム混合脱硝建屋	100
低レベル廃棄物処理建屋	100
チャンネルボックス・バーナブルポイズン処理建屋	100
高レベル廃液ガラス固化建屋	79
使用済燃料受入れ・貯蔵建屋	100
その他（再処理施設全体として行うもの）	87
総合進捗率	96

（https://www.jnfl.co.jp/ja/business/about/cycle/active-test）

表2-2　再処理工場アクティブ試験のトリチウム放出実績

年度	液体トリチウム（Bq）	気体トリチウム（Bq）
2006.4 〜 2007.3	490兆	6兆
2007.4 〜 2008.3	1300兆*	9.8兆
2008.4 〜 2009.3	360兆	3.7兆
本格稼働時の管理目標（年）	1京8000兆	1900兆
2018年改正管理目標	9700兆	1000兆

＊2007.10は1カ月で520兆Bq放出

（出典：2015/1/24-25　山田清彦氏による反核学習会資料より抜粋し、一部改変）
原資料：「青森県の原子力安全対策」ホームページの日本原燃（株）「安全協定に基づく報告」
http://www.aomori-genshiryoku.com/report/jnfl/safety/

始されたが、実はいまだに進捗率は96％であり終了してはいない（表2-1）。

　六ヶ所再処理工場のアクティブ試験で、最も多くのトリチウムが放出されたのは、2006年度から2008年度の3年間である（表2-2）。特に2007年度は1年間で1300兆ベクレル（Bq）の液体トリチウムが海に放出されているが、その中でも2007年10月は、たった1カ月で520兆Bqの液体トリチウムを放出しており、これは加圧水型原発の10年分以上のトリチウム放出量に匹敵する莫大な量である。また、六ヶ所村では1992年3月にウラン濃縮工場が本格操業を開始し、2000年12月に使用済み核燃料が本格的に搬入されているが、それ以来、様々なトラブルが生じ、また、それが隠されてきていた。その歴史を表2-3にまとめた。このトラブルの歴史と青森県のがん死亡率全国ワースト順位を見てみることは大変興味深い。

表2-3　六ヶ所核燃サイクル施設のトラブルと不正の歴史

年月	
1992.3	ウラン濃縮工場が本格操業を開始
1998.3	ガラス固化体60本搬入
1998.10	使用済み燃料輸送容器の中性子遮蔽材データ改ざん・ねつ造
2000.2	再処理施設に搬入された機器に部品欠落が発覚
2000.12	使用済み燃料本格搬入
2001.12	使用済み燃料プールでの7月からの漏水発覚
2002.11	再処理工場の化学試験開始
2002.11	使用済み燃料プールの漏水の原因が溶接不良と発覚
2003.12	空気作動ポンプ点検中に硝酸が飛散
2004.12	ウラン試験開始
2005.6	使用済み燃料プールで再び水漏れ
2006.3	アクティブ試験開始
2006.11	「MOX粉末製造成功」と発表
2007.11	ガラス固化体製造試験開始→トラブル続発
2009.1	高レベル廃液漏れ：発覚は発生から12日後

「これでわかる核燃サイクルの破綻‐やめるのは今だ！」（ストップザもんじゅ）を参考に作成
http://ksueda.eco.coocan.jp/waste0201.html
http://www.jca.apc.org/mihama/reprocess/diary/rokkasho_accident_diary.htm 参照

表2-4　青森県の全がん75歳未満年齢調整死亡率全国ワースト順位
（https://ganjoho.jp/reg_stat/statistics/stat/summary.html）

	95	96	97	98	99	2000	2001	2002	2003	2004	2005	2006
男	8	3	3	3	3	1	2	2	3	1	1	1
女	14	3	19	16	6	27	2	2	4	6	1	6
男女計	7	4	6	5	4	5	2	2	2	1	1	1

2007	2008	2009	2010	2011	2012	2013	2014	2015	2016	2017	2018	2019
1	1	1	1	1	1	1	1	1	1	1	1	1
1	1	2	1	5	1	1	1	1	1	1	1	1
1	1	1	1	1	1	1	1	1	1	1	1	1

　表2-4は、国立がん研究センターによって毎年発表される各県の「75歳未満年齢調整死亡率」の青森県のワースト順位を1995年から2019年まで「全がん、男・女・男女計」で拾った数字である。驚くべきことに、男女計ではここ16年間、男性でも16年間、女性では8年間ずっとワースト1位である。青森県が「短命県」と言われる由縁である。

　さて、この青森県の全がんワースト順位をグラフにして、アクティブ試験によるトリチウム放出量や再処理工場のトラブルの歴史と重ね合わせてみた（図2-1）。ここから何が言えるのだろうか？

図2-1　再処理工場トラブルと液体トリチウム放出量、青森県がんワースト順位
（国立がん研究センター「がん情報がん登録・統計」より抜粋してグラフ化）

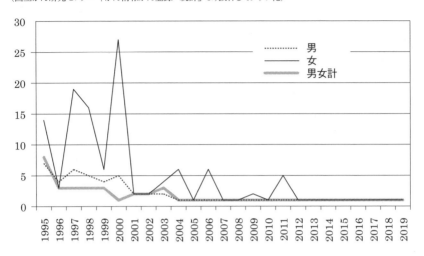

92年ウラン濃縮工場本格稼働開始　　　　液体トリチウム放出量（Bq）
00年使用済み燃料本格搬入　　　　　　　06年度490兆
01年使用済み燃料プール漏水　　　　　　07年度1300兆
05年使用済み燃料プール漏水　　　　　　08年度360兆

　しかし、ここで私見を述べることは控えたい。皆さんには、この論考を最後までお読みいただいた後で、もう一度この図をご覧いただき、この図が示す意味を再度お考えいただきたいと思う。

2　福島原発からはどのくらいのトリチウムが放出されたか

　東京電力福島第一・第二原発は、沸騰水型原子炉（BWR）の原発である。したがって、加圧水型原子炉（PWR）の原発に比して、平常稼働時のトリチウム放出量は少なかった（表2-5）。再処理工場の1年間の管理目標（9700兆Bq）に比べれば、その液体トリチウム放出量は5千〜1万分の1に過ぎない。
　その一方で、事故を起こした福島第一原発のトリチウム汚染水をどう処理するかが、現在問題となっている。「海洋に放出する」というのが、政府や経産省、経済界の意向のようだが、その前提はあくまでも「トリチウムはエネルギーが低いから生物には悪影響を及ぼさない」というものである。し

表 2-5　福島第一及び第二原発平常稼働時の液体トリチウム放出量（2002〜2012）

http://www.inaco.co.jp/isaac/shiryo/genpatsu/tritium_3.html　　　　　　　単位（兆Bq）

	02	03	04	05	06	07	08	09	2010	2011	2012	計
福島第一	0.78	1.4	1.0	1.3	2.6	1.4	1.6	2.0	2.2	—	—	12.28
福島第二	0.91	0.38	0.35	0.96	0.66	0.73	0.5	0.98	1.6	2.3	0.8	10.17

表 2-6　フクイチ敷地内のトリチウム総量

（2014/3/25時点）

	トリチウムの量（Bq）
総量	3400兆
タンク貯留水	830兆
建屋滞流水	50兆
海水配管トレンチ内水	46兆
その他	2500兆

出典：経産省「東日本震災関連情報」HP

かし、これは本当だろうか。そして、この事故によって、いったいどのくらいのトリチウムが大気中や海水中に放出され、また現在、ALPS処理汚染水として敷地内に貯まっているのだろうか。

　経産省のホームページによると、2014年3月25日時点で福島第一原発に存在するトリチウム総量は3400兆Bqであった（表2-6）。また、原発事故自体によって、大気中や海水中に放出されたトリチウムに関する公式なデータはないようだが、「100兆〜500兆のトリチウムが環境中に放出された」という試算が、2013年に当時気象庁気象研究所にいた青山道夫氏らによって論文[2]に発表されている。また、経産省のトリチウム水タスクフォースなどでもこの数値を採用している。そして、現在問題となっている汚染水中のトリチウム量は、およそ1000兆Bqほどと報告されている。

　さて、前述のように青森県はここ16年間ずっとがん死亡率がワースト1位であるが、福島県はどうであろうか。（表2-7・図2-2）

　福島県ではもともとがん死亡率はそれほど高くなかったが、福島原発事故以降、徐々にワースト順位が上がってきているという傾向はあるようだが、2019年以降の結果も注視する必要がある。また、念のため、青森県と福島県の喫煙率推移を示すが、それほど大きな差はなく、その減少傾向も同じであることがわかる。（表2-8、図2-3）

※2　Biogeosciences　10（2013）5481-96

スロバキア ComeniusUniversity 核・加速器技術センター P.P.Povinec

気象庁気象研究所　青山道夫

表2-7　福島県の全がん75歳未満年齢調整死亡率　全国ワースト順位
（https://ganjoho.jp/reg_stat/statistics/stat/summary.html）

	95	96	97	98	99	00	01	02	03	04	05	06	07	08	09	10
男	23	17	32	22	32	21	20	22	38	21	21	27	20	21	18	17
女	43	20	10	34	17	14	7	26	41	15	20	18	17	30	14	27
男女計	32	20	24	27	28	28	13	20	41	17	25	24	20	25	18	20

11	12	13	14	15	16	17	18	19
20	13	24	36	20	21	11	13	21
31	25	17	11	10	4	8	11	21
22	12	20	25	10	15	9	9	21

図2-2　福島県の全がん75歳未満年齢調整死亡率　全国ワースト順位

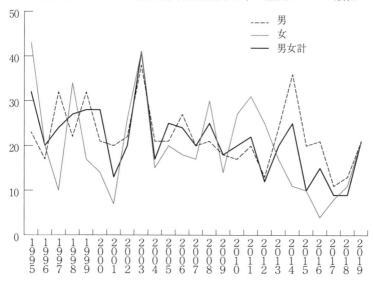

出典：https://ganjoho.jp/reg_stat/statistics/stat/summary.htmlの表をグラフ化

3　全国の原発から放出されているトリチウム

　全国の原発からもトリチウムが放出されているが、前述のように沸騰水型原子炉（BWR）に比較して加圧水型原子炉（PWR）からのトリチウム放出量

表 2-8　青森県と福島県の成人喫煙率推移（男女計）（%）

	青森県%	福島県%
2001	31.1	30.0
2004	32.0	29.5
2007	28.9	26.9
2010	24.7	23.0
2013	25.9	25.1
2016	23.8	22.4
2019	22.1	21.9

https://ganjoho.jp/data/reg_stat/statistics/dl/Pref_Smoking_Rate（2001_2019）.xls

図 2-3　青森県と福島県の成人喫煙率の年次変化（2001 〜 2019）上記表をグラフ化

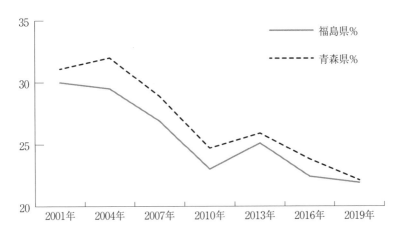

表 2-9　日本の加圧水型原発からの液体トリチウム放出量（2002 〜 2012 年度）

原発名	所在地	炉型	炉数	02	03	04	05	06	07	08	09	10	11	12	合計 TBq
泊	北海道古宇郡	PWR	3	29	22	19	31	29	27	20	30	33	38	8.7	286.7
大飯	福井県大飯郡	PWR	4	64	90	93	66	77	89	74	81	56	56	22	768
伊方	愛媛県西宇和郡	PWR	3	52	54	68	63	46	66	58	57	51	53	1.8	569.8
玄海	佐賀県松浦郡	PWR	4	91	95	73	74	99	86	69	81	100	56	2	826
川内	鹿児島県薩摩川内市	PWR	2	32	38	51	48	35	38	53	50	30	37	1	413
高浜	福井県大飯郡	PWR	4	63	59	63	69	68	60	40	43	65	38	6.8	574.8

単位は兆（テラ）Bq

出典：「原子力施設運転管理年報」（平成 25 年度版　参考資料より抜粋）

が桁違いに多い。国内の主な加圧水型原発の液体トリチウム放出量を表2-9に示す。震災後の2012年を除けば、1年間の液体トリチウム放出量はおよそ20兆〜100兆Bqであることがわかる。

　まずは、この中で最も多くのトリチウムを放出している佐賀県の玄海原発に注目していただきたい。2002〜2011年の10年間で824兆Bqの液体トリチウムを海に放出している。ここで、重要なことは、液体トリチウムとして海に放出されたトリチウムは、水蒸気として大気中に蒸散したり、海洋生物に有機結合型トリチウムとして取り込まれたりして、結局、環境中を循環し、生物にも蓄積するということである。さらに、気体として放出されたトリチウムも雨になって地面や海などに落下したのちに再び大気に拡散され、環境中を循環している。このことについては「6　トリチウムの危険性」で詳述する。

4　玄海原発周辺での白血病死亡率増加の報告

　表2-10は、玄海原発周辺における1998〜2007年までの10年間の人口10万人あたりの白血病死者数である。佐賀県内でも玄海町に近づけば近づくほど白血病による死者数が増えていることがわかる。また、玄海原発1号機の運転開始は1975年10月、2号機は1981年3月、3号機は1994年3月、4号機は1997年7月であるが、1998〜2002年の5年間よりも2003〜2007年の5年間の方が白血病死者数は増えている。しかも、この白血病死者数増加は、実は佐賀県内に留まらない。玄海原発と海をはさんで向かい側には長崎県壱岐市や平戸市、松浦市などが存在している。2019年2月20日の壱岐新報には衝撃の記事が掲載された。長崎県での白血病死亡数の増加である。しかも、玄海原発周辺に位置する「県北地域を中心に白血病死者数が増えており、県南の3〜4倍」というデータが示されている（表2-11）。そして、「S.44〜57（1969〜82）は　ほぼゼロなのに、S.58年（1983）から急増している」という。

　ちなみに、表2-9の一番上にある北海道電力の泊原発だが、その周辺の町村でがん死亡率の上昇が報告されている。西尾正道医師によると、「北海道内180市町村のがん死亡率（2003〜2005）は、10万人あたり2450人と泊村が最多であることが北海道健康づくり財団のデータによって示されている」と

表 2-10　玄海原発周辺での白血病死者数の増加（佐賀県）
1998〜2007年までの10年間の人口10万人あたりの白血病による死者数

	1998〜2002年の平均	2003〜2007年の平均
全国平均	5.4	5.8
佐賀県全体	8.3	9.2
唐津保健所管内	12.3	15.7
玄海町	30.8	38.8

出典：厚生労働省人口動態統計より（参照「広島市民の生存権を守るために伊方原発再稼働に
　　　反対する1万人委員会」http://hiroshima-net.org/yui/1man/）

表 2-11　玄海原発周辺での白血病死者数の増加（長崎県）（人口10万人あたり）

	市名	男性	女性
県北	平戸市	20.2	30.6
	松浦市	20.9	9.8
	壱岐市	20.2	20.6
県南	長崎市	5.4	4.7
	島原市	1.8	3.2
全国		3.13	1.77

（2019.2.20 壱岐新報記事のデータを表にした）。全国数値は http://todo-ran.com/t/kiji/13739

表 2-12　道内市町村別「標準化ガン死亡率（SMR）」（2000〜2009）

道内市町村名	標準化ガン死亡率 (SMR)	道内市町村名	標準化ガン死亡率 (SMR)
泊村	144.9	全国	100
岩内町	125.5	全道	104.8
福島町	124.0		
松前町	122.5	出典：西尾正道「トリチウムの健康被害につ
積丹町	119.6	いて」

いう[※3]。また、2000〜2009年の北海道市町村別標準化がん死亡率（SMR）は、
泊村、岩内町、積丹町など泊原発周辺の町村が軒並み全道平均を上回り、特
に泊村は全国平均の1.4倍と極めて高い値を示している（表2-12）。

5　海外の再処理施設や原発周辺で報告されている健康被害

①イギリス

a. セラフィールド再処理工場周辺

※3　小出裕章・西尾正道『被曝列島　放射線医療と原子炉』角川oneテーマ21

イギリスのセラフィールドにある再処理工場は、2005年4月19日に再処理
工場前処理施設で放射性溶液の漏洩が発見され、操業を停止している。この
再処理工場では稼働時に年間およそ2000兆Bqのトリチウムが放出されてきた。
　1990年2月サザンプトン大学のガードナー教授によって「工場周辺の子ど
もの間で多発している白血病は、工場労働者の遺伝子が放射線の影響で突
然変異した可能性が高い」という調査結果が発表された[4]。それに引き続き、
調査は続けられ、2002年3月26日「セラフィールド再処理工場の男性労働者
の被曝とその子供たちに白血病および悪性リンパ腫の発症率が高いことの間
に強い関連性がある」という論文が『インターナショナル・ジャーナル・オ
ブ・キャンサー』誌に掲載された[5]。この研究の結論は、「セラフィールド再
処理工場のあるカンブリア地方の白血病及び悪性リンパ腫の発症率に比べて、
再処理工場労働者のうちシースケール村外に居住する労働者の子どもたちの
発症リスクは2倍であり、さらに工場に近いシースケール村で1950 ～ 91年
の間に産まれた7歳以下の子どもたちのリスクは15倍にも及ぶ」というもの
である[6]。英国核燃料会社（BNFL）などの原発推進側も、「1950 ～ 90年の40
年間シースケール村に住む子供たちの間で白血病が増加」していたことは認
めているが、しかし、その原因については「不明」としている。

b. 英国原子力公社（UKAEA）の従業員

　英国原子力公社（UKAEA）は英国の原子力の研究・開発を担い、原子力
研究所の業務を引き継いだが、1960年からは核融合研究の研究・開発が組み
込まれ、現在は核融合エネルギーが主体の研究機関である。このUKAEAの
従業員に関する調査は、1946 ～ 1979年の間に雇用されたすべての労働者集
団約4万人について行われた。ロンドン衛生・熱帯医科大学の疫学調査施設
（EMU）が過去の放射線被曝データを含めて収集し解析したもので1985年に

※4　Gardner.M.J, M.P. Snee, A.J.Hall et al :Results of case-control study of leukemia and
　　lymphoma among young people near Sellafield nuclear plant in West Cumbria.Br.Med.
　　J-300:423-429（1990）

※5　H.O.Dickinson,L.Parker :Leukemia and non-Hodgkin's lymphoma in children of male
　　Sellafield radiation workers, International Journal of Cancer,vol.99,2002:437-444

※6　原子力資料情報室通信339号　上澤千尋「セラフィールド再処理工場周辺の小児白血病リスク
　　の増加　父親の放射線被曝の影響を再確認」2002/8/30
　　http://www.cnic.jp/modules/smatsection/item.php?itemid=63

表 2-13　UKAEA の放射線労働者における前立腺がんについての標準化死亡率 (SMR)

被曝のタイプ	SMR	（死亡数）
体外集積全身被曝線量：		
50mSv 以下	70	（10）
50mSv 以上	385[a]	（9）
体内汚染のおそれについて検査を受けた者：		
トリチウムについての検査	889[a]	（6）
プルトニウムについての検査	153	（2）
他の不特定の核種についての検査	254[a]	（9）

a　　p < 0.01

出典：RR. ジョーンズ /R. サウスウッド編　市川定夫ほか訳「放射線の人体への影響　低レベル
　　　放射線の危険性をめぐる論争」の第 8 章原子力産業労働者に関する疫学調査より）
　　　P.Fraser,M.Booth,V.Beral,H.Inskip. et al. Collection and validation of date in the United
　　　Kingdom Atomic Energy Authority mortality study,Br.Med.J.,291,435-9（1985）
　　　V.Beral,H.Inskip,P.Fraser et al. Mortality of employees of the United Kingdom Atomic
　　　Energy Authority,1946-79,Br.Med.J.,291,440-47（1985）

報告されたが、「前立腺がんによる死亡率は、最も高い線量を被曝した労働者で統計学上有意に高く、とくにトリチウムによる体内汚染の恐れについて検査を受けた者で特別に高かった」とされている。（表2-13）

②フランス　ラ・アーグ再処理工場周辺

　フランスのラ・アーグ再処理工場は、現在も稼動を続けている世界で数少ない再処理工場であるが、2004 年の実績値で液体トリチウム 1 京 3500 兆 Bq、気体トリチウム 71.3 兆 Bq を放出、また、2014 年のトリチウム放出量は液体 1 京 2700 兆 Bq、気体トリチウムは 66.3 兆 Bq である（表2-14）。

　1997 年の「ブリティッシュ・メディカル・ジャーナル（BMJ）」誌に、ブザンソン大学のヴィエル教授、ポベル教授らが、「コジェマ社経営のラ・アーグ再処理工場周辺で小児白血病が増加し、10km 圏内では小児白血病発症率がフランス平均の 2.8 倍を示している。また、その増加は海と関係がある」という疫学調査の結果を公表した[※7]。

※7　Dominique Pobel &Jean-Francois Viel. "Case-control study of leukemia among young
　　　people near La Hague nuclear reprocessing plant:the environmental hypothesis revisited",
　　　BMJ 314 1997

しかし、様々な原因説が流布され、結局「原因が再処理工場からの放射能という証拠はない」とされた。さらに2012年1月、ジャクリーヌ・クラヴェル氏が率いる「フランス放射線防護原子力安全研究所（IRSN）の科学者研究チーム」が、2002〜2007年までの期間における小児血液疾患の国家記録をもとに、フランス国内の19カ所の原子力発電所の5km圏内に住む15歳以下の子どもたちと一般の子どもたちにおける白血病発症率を比較し、「原発から5km圏内に住む15歳以下の子どもたちは、白血病の発症率が1.9倍高く、5歳未満では2.2倍高い」と報告し、『国際がんジャーナル』（International Journal of Cancer）に発表した[8]。しかし、「統計的には正しいが、原因は不明」とされている。

③カナダ　CANDU炉（重水炉）の原発周辺

　カナダの原発で使用されているCANDU炉は冷却に重水を用いており、重水に中性子が当たるとトリチウムが発生するため、他の型の原子炉に比してトリチウム発生量が多い（表2-15-1、2-15-2、2-16）。カナダ原子力管理委員会（AECB）がまとめたAECB報告によると、カナダ・オンタリオ州トロントの近くにあるピッカリング原発やブルース原発といったCANDU炉が集中立地する地域で、子供たちにダウン症の増加（1.8倍）が報告されている[9]。

　また、ロザリー・バーテル博士は、カナダ原子力安全委員会への書簡において、①1978〜85年の間のピッカリング原発からのトリチウム放出量と周辺地域におけるそれ以降の先天異常による死産数及び新生児死亡数との間には相関関係が見られる。②ブルース原発が稼働して以降、小児白血病死亡数は1.4倍に増加した。などを報告している[10]。

※8　Childhood leukemia around French nuclear power plants-The geocap study,2002-2007-Sermage-Faure-2012-International Journal of Cancer-Wiley Online Library（https://onlinelibrary.wiley.com/doi/full/10.1002/ijc.27425）

※9　AECB "Childhood Leukmia around Canadian Nuclear Facilities-1/2Nuclear.Phase1and2" AECB-INFO-0300-1/2

※10　Rosalie Bertell, "Health Effect of Tritium" 2005
　　http://static1.1.sqspcdn.com/static/f/356082/3591167/1247623695253/health_effects_tritium_bertell.pdf?token=sUZODhODCuiBjSSVrMuOi6TrM9o%3D

表2-14　ラ・アーグにおける液状・ガス状のトリチウム年間放出量（TBq）

	2004年*	2014年**
トリチウム（液状）	13500	12700
トリチウム（ガス状）	71.3	66.3

＊小出裕章「放棄すべき六ヶ所再処理工場」2006 より
＊＊平成28年度発電用原子炉等利用環境調査（「トリチウム水の処分技術等に関する調査研究報告書」）（三菱総合研究所 2017/3）より

表2-15-1　カナダのブルース原発とピッカリング原発からのトリチウム水蒸気排出量（TBq）

	2001	2002	2003	2004	2005	計
ブルース原発	650	580	560	864	731	3385
ピッカリング原発	580	510	480	620	500	2690

表2-15-2　カナダのブルース原発とピッカリング原発からの液体トリチウム排出量（TBq）

	2001	2002	2003	2004	2005	計
ブルース原発	163	414	860	585	426	2448
ピッカリング原発	280	427	258	290	260	1515

出典："Tritium Hazard Report：Pollution and Radiation Risk from Canadian Nuclear Facilities" June2007 p9 より抜粋

表2-16　カナダの原発からの液体トリチウム放出量実績（TBq）（2013～15）

	2013	2014	2015
ブルース原発A	196	194	220
ブルース原発B	419	642	672
ピッカリング1-4号	117	102	98.2
ピッカリング5-8号	189	242	274

出典：平成28年度発電用原子炉等利用環境調査（「トリチウム水の処分技術等に関する調査研究報告書」）（三菱総合研究所 2017/3）より抜粋

④ドイツ　KiKK研究

　2007年12月、ドイツの環境省と連邦放射線防護庁が「原発16基周辺の41市町の5歳以下の小児がん発症率の調査研究（KiKK）」の結果を公表した。その結果は「通常運転されている原子力発電所周辺5km圏内で、小児白血病が高率に発生している」というものだった（表2-17-1、2-17-2参照）。しかし、ドイツ環境省は、「総体的に原発周辺5km以内で5歳以下の小児白血病発症率が高いことが認められるが、原発からの放射線の観測結果からは説明すること

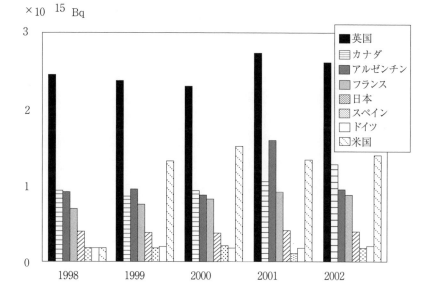

図2-4 世界の原子力発電所で液体廃棄物として海洋に放出されたトリチウム量

出典：UNSCEAR 2008 Report to the General Assembly, with scientific annexes. Volume Ⅰ
：　Report to the General Assembly, Scientific Annexes A and B.
　　http://www.unscear.org/unscear/en/publications/2008_1.html

はできない。原発に起因性があるとすれば、ほぼ1000倍の放射線量が必要だ。
引き続き因果関係を検証するために、基礎的な研究を支援する」とした。

　では、ドイツの原発周辺ではいったいどれくらいのトリチウムが放出され
ていたのだろうか。ドイツ国内における各原発ごとのトリチウム放出量につ
いてのデータは見つけることができなかったが、国連科学委員会2008年報告
書から、ドイツの原発全体から出るトリチウムの年間総量は、日本の原発か
ら出るトリチウムの総量の約半分くらいであることがわかる（図2-4）。

⑤アメリカ　原子炉閉鎖後の乳児死亡率低下とイリノイ州の原発周辺

　アメリカにおいては、原発の廃炉前と廃炉後の乳児死亡率の変化を調べ
た研究がある。「被曝公衆保健プロジェクト Radiation Public Health Project
（RPHP）」である。1987年から97年までに原子炉を閉鎖した全米9カ所の原

表 2-17-1 「KiKK 研究」における 5 km 圏内小児がん発症率と小児白血病発症率のオッズ比

	オッズ比	95%信頼区間下限値	症例数
全小児がん	1.61	1.26	77
全小児白血病	2.19	1.51	37

表 2-17-2 5 km・10 km 圏内の小児白血病発症率のオッズ比

	オッズ比	95%信頼区間下限値	5km地域の症例数
全白血病			
原発から5km圏	2.19	1.51	37
原発から10km圏	1.33	1.06	95
急性リンパ性白血病			
原発から5km圏	1.98	1.33	30
原発から10km圏	1.34	1.05	84
急性非リンパ性白血病			
原発から5km圏	3.88	1.47	7
原発から10km圏	1.30	0.66	10

出典：原子力資料情報室　澤井正子氏論文より　http://www.cnic.jp/modules/smartsection/print.php?itemid=122

表 2-18 全米平均と原子炉閉鎖地域の 1 歳以下の子どもの死亡率減少率の差（USA）

	原子炉閉鎖年	1歳以下の子どもの死亡率の変化率（%）
ラクロス、WI	1987	− 15.4
ランセチョコ、CA	1989	− 16
フォートセントブレイン、CO	1989	− 15.4
トロージャン、OR	1992	− 17.9
ビックロックポイント、MI	1997	− 42.9
メーンヤンキー、ME	1997	− 9.3
ザイオン、IL	1998	− 17
ビルグリム、MA	1996	− 24.3
ミルストン、CT	1995	− 17.4
閉鎖9エリア合計		− 17.3
全米平均	1986 ～ 2000	− 5.6

Joseph J.Mangano, "Radiation and Public Health Project"
http://www.radiation.org/spotlight/reactorlosings.html

子力発電所を対象に半径80kmに以内に居住している1歳以下の乳児死亡率を調べたものだ。その結果は、「原子炉閉鎖前に比して閉鎖後2年の乳児死亡率は激減した」。9カ所の乳児死亡の平均減少率は17.3%だが、ミシガン州ビックロック・ポイント原発周辺では、42.9％も乳児死亡率が減少していた（表2-18)。乳児死亡率減少の主な理由は、「がん・白血病・異常出産の減少」で

あった。しかし、この調査がNGOによるものだったため、政府や核産業界は結果を無視してきた。

　また、2011年12月28日、NHKで「追跡！真相ファイル：低線量被曝揺らぐ国際基準」という番組が放送されたが、この番組の中で、「アメリカ・イリノイ州シカゴ近くの原発周辺で、子供たちのがんや白血病が増えていた」という内容が伝えられた。小児科医のジョセフ・ソウヤー氏の報告によると、「シカゴ近くのブレストウッド原発とドレスデン原発の周辺では、1997年から2006年の10年間に白血病や脳腫瘍が、それ以前の10年に比して1.3倍に増加、小児がんは1.4倍に増えていた」という[11]。そしてその後、これらの原発が2006年までの10年以上にわたり数百万ガロン（米ガロンはおよそ3.75L）のトリチウムを漏洩してきたという文書が当局により公開された[12]。

6　トリチウムの危険性

①トリチウムの形体と生物学的半減期の違い

　トリチウム（T）は化学的には水素（H）であり、HTOの形で水となり、通常のHHOの水と区別ができない。また、生体内では、体内のトリチウム水（HTO）におけるトリチウム濃度が、環境における濃度と平衡になるようにトリチウムは紛れ込むことになる。

　生物は水や水蒸気を通じてトリチウムを細胞内に取り込むことになるので、環境中のトリチウム濃度の上昇が高くなればなるほど生体にとって危険である。また、トリチウムが有機物と結合した有機結合型トリチウム（OBT）を、食事などを通じて体内の細胞に取り込むと、有機結合型トリチウムとして細胞内の構成要素となり、容易に体外に排出されない。

　すなわち体内では、有機結合型トリチウムがトリチウム水よりもずっと危険性が高いのである。トリチウム水の場合は生体内に広く分布するため、全

※11　Joseph R.Sauer, "Health Concerns and Date Around the Illinois Nuclear Power Plants" https://ieer.org/wp/wp-content/uploads/2013/06/Health-Concerns-and-Data-Around-Illinois-Nuclear-Plants-slides-for-SDA-2013.pdf

※12　"Illinois open records law often a closed door", Chicago Tribune,March8,2009 http://www.chicagotribune.com/news/chi-public-records-08-mar08-story.html

表 2-19　トリチウム水、有機結合型トリチウムの半減期の違い

参照研究 (研究発表年)	研究対象例数	生物学的半減期 (単位は日)		
		HTO	OBT1	OBT2
Pinson and Langham 1957	9	11.3	–	–
Butler and Lercy 1965	310	9.5	–	–
Osborne 1966	30	10.5	–	–
Snyders et al .1968	1	8.7	34	–
Sanders and Reinig1968	1	6.1	23	344
Minder 1969	1	–	1－30	139－230
Lambert et al.1971	1	9.1	36	–
Moghissi et al.1971	–	–	21－26	280－550
Moghissi et al.1972	1	9.0	30	450
Balnov et al.1974	–	12.0	39－76	–
Rudran et al.1988	8	6.0	30	226

OBT1：硫黄、リン、窒素などと結合した有機結合型トリチウム
OBT2：炭素と結合した有機結合型トリチウム
出典：http:/www.inaco.co.jp/hiroshima_2_demo/

身にほぼ均一な被曝となり、損傷もまばらに生じる。

　しかし、有機結合型トリチウムの場合には、細胞内に長期に留まり、β崩壊時の放出電子の飛程が細胞内に限られ、DNAに取り込まれた際はもちろんだが、取り込まれない場合でも、特定の細胞や細胞器官、細胞質などに集中的に損傷を与えることになる。トリチウムの生物学的半減期を表2-19に示すが、トリチウム水（HTO）におけるトリチウムと有機結合型トリチウム（OBT）は全く別物として考えなくてはならない。

　イアン・フェアリー氏によると「トリチウム自由水の生物学的半減期は10日前後だが、炭素と結合した有機結合型トリチウムの生物学的半減期は200～550日にも及ぶ」という。

　トリチウムによる被曝を考える際に、HTOの挙動のみに注目していては、重大な傷害を見落とすことになる。つまり、OBTによる慢性的な被曝をきちんと考慮しなくてはならないということである。たとえば動物実験ではコムフォードらがマウスにHTOを長期に投与し、投与中止の2～3日後のトリチウム放射線量は、ほとんどOBT成分によるものであることを1977年に明らかにしている[※13]。

※13　S.L.Commerford, et al. Radiation Research vol.72,No.2（Nov.1977）,p.333-342

②トリチウムによるDNA損傷

　遺伝子のDNAは水素結合や水素を持つから、その水素がトリチウムに置き換わったなら、β崩壊によりDNAは重大な損傷を受ける。また、トリチウムがβ崩壊するとヘリウム（He）に変わるため（元素変換効果）、そこで結合が切れてしまい、これにより、遺伝情報が失われたり、書き換わってしまう可能性がある。つまり、被曝と元素変換効果で二重に危険ということになる（図2-5）。

　たとえば動物実験において、コムフォードら（1982）は、マウスへの一過性のHTO暴露後、残存するすべてのトリチウムが暴露8週間後にDNAとヒストン（DNAが巻き付いているたんぱく質）に結合していることを発見している。HTOに比べてOBTの量は少ないが、細胞核タンパク質は　はるかに高寿命なため、細胞核タンパク質に結合したトリチウムからの放射線量は、HTOの放射線量を超えるであろうと結論している[14]。

　このトリチウムのβ崩壊によって放出される電子のエネルギーは最大18.6keV（＊ロ電子ボルト）=18600eV、平均5.7keV（5700eV）、射程距離は1〜10μm程度であり、非常に局所的に集中的な被曝を与えることになる。このトリチウムのエネルギーが他の放射性元素に比して低い（例えばセシウム137のエネルギーは100万eV）ので、「トリチウムはエネルギーが低いから人体に影響を与えない」という学者がいるが、それは誤った考えである。細胞内の有機体は、ほとんどイオン結合や共有結合によって結合している。イオン結合のエネルギーは3eV、共有結合のエネルギーは7eVである。細胞から見たら、トリチウムのエネルギーは桁違いに大きく、細胞内の結合など簡単に切断できる。

　また、トリチウムの電離密度（LET）効果を考慮しなくてはならない。上に述べたようにトリチウムのβ粒子の飛程が短いことは、結果として相対

※14　『東電福島第一原発　汚染水の危機2020』ショーン・バーニー著（グリーンピース・ドイツ）より

　　S.L.Commerford, et al. "The Turnover of Tritium in Cell Nuclei, Chromatin, DNA and Histone", Radiation Res（1982）92（3）521-529)

図2-5　トリチウムの元素変換による DNA 損傷

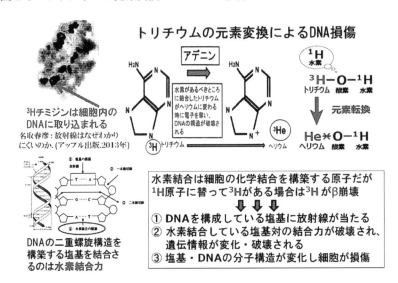

出典：西尾正道「被曝影響をフェイクサイエンスで対応する国家的犯罪（後編）」資料13より一部抜粋

的に高密度の放射線飛跡をもたらし、組織内のナノメートル規模での極めて局所的な原子損傷のクラスターを生じさせるのである。

　「内部被曝はエネルギーが低い方が安全ということには必ずしもならない」ことを、カール・モーガンは以下のように説明している[15]。

　「低エネルギー・β粒子が人間の組織に与える影響を理解するために、有用であるがぞっとする類似性を以下に述べる。テロリストがマシンガンを発射しながら車で家のそばを通りかかる場合、もしテロリストの車が時速80マイルで走る場合、多分10発以上の弾丸はその家に当たらない。しかし、もしも車が時速わずか5マイルで移動したなら、何千発もの弾丸がその家に当たるだろう。同様に、ゆっくりと動くβ線放出核種であるトリチウムは、何千もの電子を組織の原子から叩き出しながら組織を移動する……」

③有機結合型トリチウムの生物濃縮

※15　カール・Z・モーガンら『原子力開発の光と影』昭和堂p154

トリチウムが生物濃縮をおこすかどうか、しばしば論争になる。しかし、これも有機結合型トリチウムを考慮に入れると、生物濃縮は当然に生じていることがわかる。Diabete Silviaらは、1993年12月のHealth Physicsの論文 "Organically Bound Tritium" の中で、以下のように結論している。すなわち、「環境中へ放出されたトリチウムは有機物に取り込まれる可能性があり、その場合の有機結合型トリチウムは、トリチウム水に比して、かなり長い生態での残留時間を示す。有機結合型トリチウムの最も重要な生成工程は、量的な点では緑色植物の光合成であり、有機結合型トリチウムはいくつかの経路を経て動物に入る。動物実験では有機結合型トリチウムの摂取は、同じ投与量のガス状または液状のトリチウム水より2倍高いことが示された。植物と動物の有機結合型トリチウムは、組織水より高いトリチウム濃度がしばしば見られ、自然界の濃度とは平衡状態にはならない」

　また、京都大学名誉教授の齋藤眞弘氏は、マウスでの実験によって得られた有機結合型トリチウムに関する結果について、以下のように述べている[16]。「母体を介してトリチウムを与えられた仔マウスの体内に残留するトリチウムを自由水、たんぱく質、脂質、DNAなどの成分ごとに計ってみたところ、たんぱく質やDNAなどの有機成分に含まれるトリチウムの割合が時間とともに増えることがわかった。この有機成分に含まれるトリチウムとは、有機結合型トリチウムに他ならない。生物学的に長く体内に残るトリチウムによる被曝線量は、短い時間で排出される自由水型トリチウムによる被曝に較べて無視できなくなる。この実験の結果は、有機結合型トリチウムによる生物影響の重要性を明らかにした……」さらに、「トリチウム水を投与された母マウスに育てられた仔マウスの体内では、特に脳にトリチウムが脂質成分として長く残る……母乳を介して仔マウスの脳脂質に移行することを示した実験結果だった……」

　これは　つまりトリチウムが食物連鎖を介して生物濃縮することを示している。実際、トリチウムが食物連鎖によって蓄積されていくことが示された論文が多数出ており、それは証明されている（Jaeschke and

---

※16　http://anshin-kagaku.news.coocan.jp/sub040208saitou.2.htm

Bradshaw2013,McCubbin et al.2001,Turner et al.2009 他)。

　フランスの放射線防護・原子力安全研究所IRSNの "Tritium and the environment"[17] というレポートにも、植物が光合成によってトリチウムガスから有機結合型トリチウムを産生し、環境内で循環する様子（図2-6-1）や動物が植物や水、空気から様々な形態のトリチウムを取り込む様子（図2-6-2）が描かれている。

④トリチウムは環境中を循環している

　核施設から放出されたトリチウムは環境中を循環している。経産省のトリチウムタスクフォース（第15回）で報告されたフランスの放射線防護・原子力安全研究所（IRSN）の資料の図2-6-1、2-6-2をご覧いただきたい。核施設から放出されたトリチウムガス（HT）やトリチウム水蒸気（HTO）などの気体として放出されたトリチウムは、大気中で拡散する。雲を形成したものは雨となって土壌に浸み込み、植物に吸収され、光合成によって有機結合型トリチウム（OBT）になる。

　一方、海に放出された液体のトリチウム水（HTO）は、海水中の生物に取り込まれて、トリチウム自由水（TFWT）あるいは有機結合型トリチウムを形成し、それを捕食する生物がさらに有機結合型トリチウムを取り込む。また、一部はトリチウム水蒸気として蒸発して雲を形成し、雨となって再び、地上や海に落下する。

　つまり、核施設から放出されたトリチウムは、環境中を循環し、生物に取り込まれ、生物濃縮も生じているということである。2019年12月ネイチャー誌にトリチウムの環境中挙動に関する重要な研究が発表されている。過去の核実験によって放出されたトリチウムがダム湖底堆積物中に有機結合型の形で数十年間残存しているということが示されている[18]。

※17　"Tritium and the environment" IRSN
　　　https://www.irsn.fr/EN/Research/publications-documentation/radionuclides-sheets/environment/Pages/Tritium-environment.aspx

※18　Eyrolle,F.,Copard,Y.,Lepage,H.et al.Evidence for tritium persistence as organically bound forms in river sediments since the past nuclear weapon tests.Sci Rep 9,11487 (2019) .https://doi.org/10.1038/s41598-019-47821-1

図 2-6-1　陸生環境でのトリチウムの動き

■　陸生環境でのトリチウムの挙動

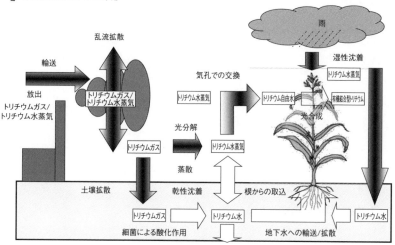

図 2-6-2　海洋でのトリチウムの動き

■　海洋環境でのトリチウムの挙動

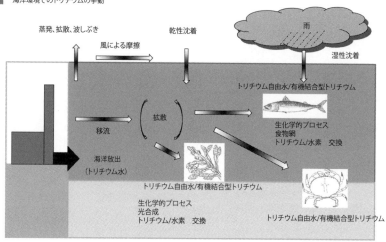

出典：HT：トリチウムガス、HTO：トリチウム水蒸気または水、TFWT：トリチウム自由水
　　　Environmental behaviour of tritium released by nuclear facilities in marine and
　　　terrestrial ecosystems:State-of-the-art and examples:Denis Maro（IRSN）
　　　経産省ホームページ　http://www.meti.go.jp/earthquake/nuclear/osensuitaisaku/
　　　committee/tritium_tusk/pdf/160603_02.pdf

おわりに

　多くの核施設周辺で「小児白血病や小児がん、新生児死亡率、先天異常などの増加」の事実が、巧妙に隠されてきた。さらには、核融合研究施設においても　その労働者に影響が出ていることもまた、隠されてきた可能性がある。そして、核産業と軍需産業を含む経済界や政府側は、これまで様々な理由をつけて「トリチウムは人体に影響はない」ということにしてきた。しかし、それらはすべて、原発を推進するためのウソであり、一部の人間たちが自分たちの利益を守るために人びとの命を軽視してきたことの証明である。さらに言えば、大いなる権力側にとっては、〝水爆をクリーンな爆弾″と喧伝し、水爆開発競争に勝利する必要があったということである。そのためにトリチウムの生物への影響については、「軍事機密」とされてきたのだろう。しかし、地球上に存在するあらゆる生物の運命を、一部の人間が決定する権利などどこにもない。今こそ、真実を明らかにし、トリチウムを放出するようなあらゆる産業は停止すべきだ。桁違いの量のトリチウムを生み出す核融合など絶対に実現させるわけにはいかないし、実現などできない。

　最後に、二つの大切な文章をご紹介してこの章を閉じることにする。

　中川保雄　『増補　放射線被曝の歴史』　明石書店2011、p.225より
　「今日の放射線被曝防護の基準とは、核・原子力開発のためにヒバクを強制する側が、それを強制される側に、ヒバクはやむを得ないもので、我慢して受忍すべきものと思わせるために、科学的装いを凝らして作った社会的基準であり、原子力開発の推進策を政治的・経済的に支える行政的手段なのである」

　長山淳哉『胎児と乳児の内部被ばく　国際放射線防護委員会のカラクリ』緑風出版2013、p.255-6より
　「放射線の人体影響というのは、ICRPやIAEAが、これまで主張してきたリスクよりもはるかに高い可能性があります……私たちはまず、従来のICRPやIAEAが主張してきた安全神話を徹底的に疑うところから再出発せ

ねばなりません」

参考資料

渡辺悦司、遠藤順子、山田耕作『放射線被曝の争点』緑風出版、2016

カール・Z・モーガン、ケン・M・ピーターソン『原子力開発の光と影』昭和堂、2003

中川保雄 『増補 放射線被曝の歴史』 明石書店、2011

長山淳哉『胎児と乳児の内部被曝 国際放射線防護委員会のカラクリ』緑風出版、2013

小出裕章・西尾正道『被曝列島 放射線医療と原子炉』角川oneテーマ21、2014

ヒバクと健康 LETTER Vol.28 2020-4-2 被曝と健康研究プロジェクト

放医研/監修 青木芳朗・渡利一夫編 『人体内放射能の除去技術』講談社サイエンティフィク、1995

田中優『放射能下の日本で暮らすには？』筑摩書房、2013

ほか

第3章

トリチウムの危険性は歴史的に隠蔽されてきた

そもそも、ヒロシマ・ナガサキのヒバクシャの被害情報を米軍の合同調査団（連合国軍最高司令官総司令部軍医団、マンハッタン管区調査団、日本側研究班）が集めたことから、内部被曝の隠蔽の意図は明白である。そして、特に「トリチウムの危険性」については、水爆開発競争の中で「軍事機密」として隠蔽されてきたと思われる。しかし、その隠蔽の詳細は今も不明である。いまだに「トリチウムの危険性」は、軍、核産業、そして特にアメリカにとっては不都合なのである。ここでは、「トリチウムの危険性」が、どのように把握され、どのように隠され続けているのか。歴史上の事実を振り返りながら探ってみることにする。

1　アメリカの核のモルモット

アメリカでは、1940年から70年にかけてマンハッタン計画、米国原子力委員会、米国エネルギー研究開発局の後援のもとで、ボランティアを含むヒトを対象とした放射線実験が行われていた。その報告書が「アメリカの核のモルモット：米国市民に対する30年に及ぶ放射線実験」という題で1986年に公表された。その中に以下のような記述がある。

　　1951〜52年、ワシントン州リッチランドにあるジェネラルエレクトリック社およびロスアラモス研究所で、14人の被験者が、前腕（12人）または腹部（2人）をトリチウム水蒸気にさらされた。1人は、さらに非汚染の空気を呼吸しながら、全皮膚面をトリチウム水によって汚染された。トリチウムの吸収量は、尿中のトリチウムを測定して推定され、それによると、「ヒトではネズミの4倍の速さでトリチウムを皮膚から吸収していた」という結果が得られたという。また、トリチウムのヒトでの吸収と排泄に関する情報を得るために、1人がトリチウム水に腕を浸け、1人は飲み、7人がトリチウム水蒸気にさらされた[1]。

※1　「人体内放射能の除去技術　挙動と除染のメカニズム」放射線医学総合研究所監修　青木芳朗・渡利一夫編、1996、講談社

これらの結果は、米国原子力委員会「ヒトおよび動物におけるトリチウムの吸収、分布および排泄」に要約されているほか、1952年ロスアラモス研究所報告、「経口摂取したトリチウム水の吸収およびヒトの水希釈量」および「トリチウム水蒸気を吸入した際のヒトにおけるトリチウム水の肺吸収」で報告された。

2 核実験で被曝した家畜の白斑（アメリカ・ニューメキシコ州とネバダ州）

①トリニティ実験

1945年7月16日現地時間午前5時30分、アメリカ・ニューメキシコ州アラモゴードで行われた人類最初の核実験で、プルトニウム原子爆弾の爆発実験が行われた。爆発規模はTNT換算で19kt。この爆発で砂漠の爆心地には直径330m、深さ3mのクレーターが残された。この実験後の住民影響については以下のような記述がある。

　　……3ヶ月後に軍関係者が"Hot Canyon"を訪れた時、動物たちには、初期にみられたような火傷や出血や脱毛は、もう見られなかった。しかしながら、たくさんの動物が、牛も犬も、白い毛が斑状に生えているのが目立っていた。放射性微粒子が彼らの皮膚を通って侵入したのは明らかだった。

　　Patchy and discolored coats also marked a number of the animals ,cows as well as dogs. Active particles had apparently sifted through their coats.

　　10月……600頭の畜牛が影響を受けていた……それほど酷く損傷はしていなかった。つまり表面的で部分的な火傷と一時的な脱毛だけ。しかし、牛の背中のところどころに新しく生えてきた毛は白い毛だったから、畜産市場での評価は酷いものだった。軍は75匹の牛を買い取り、ロスアラモス研究所は最も明らかに被曝の痕跡のある牛を17匹受け取った。残りの牛はオークリッジ研究所に運んだ。……シカゴ健康部局の前部

長、ロバート・ストーンは1946年2月にロスアラモス研究所を訪れた際に、この牛たちを見て、「戦時中の実験から判断して、β線による被曝の影響のようだ」と語った[2]。

②ネバダ核実験場の風下

　ネバダ核実験場は、ネバダ砂漠にあり、ラスベガスの北西約105kmに位置する（図3-1参照）。1951年から1992年にかけて928回もの核実験が行われたことが公表されているが、うち828回は地下核実験である。約100回の大気圏内核実験は1962年まで行われていた。

　風下地域に住む住民の被害は1960年代中頃から明らかになっていたが、1978年、ネバダ州北部、ユタ州南部、アリゾナ州北西部など、ネバダ実験場の風下地域に住む住民の間に、核実験の死の灰が原因とされる白血病などのがんが多発していることが新聞などに大きく取り上げられ、問題となった。

　ユタ州南部住民の話

　「1953年春頃、キノコ雲を見た。しばらくすると陸軍兵がやってきてホットスポットにいるから逃げろと言われたが、12000頭の羊が居て逃げられなかった。翌年から翌々年にかけて、4500頭の羊が死んだ。どの羊も耳や鼻のあたりに白い斑点ができ、鼻水を垂らしていた。愛用の馬も皮膚に白い斑点ができて毛が抜け、のちに死んだ……」[3]

図 3-1　ネバダ核実験場の位置とユタ州、アリゾナ州などの位置関係

※2　The Dragon's Tail〜Radiation safety in Manhattan Project,1942-1946 4. Trinity
※3　豊崎博光『核の影を追って　ビキニからチェルノブイリへ』NTT出版

3　水爆開発競争と水爆実験

　水素爆弾（以下、水爆）は、重水素の熱核反応（核融合反応）を利用した核兵器である。この熱核反応を利用した爆弾は、核分裂反応を利用した原子爆弾とは異なり、核融合をひき起こす物質を追加すればいくらでもエネルギーを増加させることができるため、冷戦下で水爆開発競争が繰り広げられた。特に、重水素やトリチウムの熱核反応を利用することで、広島・長崎級の原爆の数十倍から数百倍の爆発エネルギーを持たせた核兵器が開発できると見込まれていた。

マーシャル諸島での水爆実験

　1952年11月1日、アメリカはエニウェトク環礁で人類初の水爆実験（アイビー作戦）を成功させた。さらに1954年3月1日にビキニ環礁でキャッスル作戦ブラボー実験を行い、これによって、第五福竜丸など日本のマグロ漁船数百隻が被曝したことは有名である。

　実際、アメリカは1946年から1958年まで、ビキニ環礁とエニウェトク環礁で67回もの核実験を行い、その総爆発威力は約108メガトン、広島型原爆（約15キロトン）の約7200発分に相当する。そして、「キャッスル作戦」と名付けられた1954年3月1日から5月14日までの6回の水爆実験によって、マーシャル諸島に住む人々は、放射性物質による様々な疾患や先天的な障害、流産・死産などの被曝被害に苦しんできた。そして、この事実は、国連人権理事会などによって、またクリントン政権時代のアメリカ下院議会によっても、マーシャル諸島に住む人びとに対する「放射線人体実験」であると糾弾された。

　しかし、それだけではなかったようだ。ここに特記すべき事柄がひとつある。マーシャル諸島の人びとの被曝被害を調査する一方で、アメリカの調査団は、さらなる人体実験を行っていたのだ。

　「マーシャル諸島の子どもが産める年齢の女性3人に　放射性クロム51とトリチウム水の注射を行っていたこと、放射線被曝と新陳代謝への影響調査や糖尿病の兆候との関連性を立証するなどの理由で放射性ヨウ素や放射性鉄、

炭素14などを使った広範な実験を行っていた」[※4]

4　カール・モーガンのICRP内での抵抗

　カール・モーガンは1950年から1971年の間、国際放射線防護委員会（ICRP）の主委員会に所属し、ICRPおよび米国放射線防護測定審議会（NCRP）の内部被曝線量委員会の委員長も務めた人物である。その彼が、「1960年の早い時期にトリチウムの危険性を指摘し、ICRPの内部被曝線量委員会の事務局員のW.S.スナイダー（W.S.Snyder）と共にトリチウムの線質係数を上げることを議論した時、強い反対に直面した」と述べている。そして、

　　　　……英国出身のICRPメンバーであるグレッグ・マーレイ（Gregg Marley）は、「（トリチウムに関して）より高い線質係数を使えば、作業条件はその分だけより安全になるが、そのように変えると政府はトリチウムを使った兵器製造が出来なくなる」ということを公に認めた……[※5]

5　さて、これらの事実は、いったい何を意味するのであろうか

①トリチウムの皮膚での反応
　トリチウム原子核の壊変により生じるβ粒子は放出エネルギーが低いため飛程が短い。したがって、トリチウムのエネルギー（平均5.7keV,最大18.6keV）の飛程距離は、およそ1μm（平均）あるいは7μm（最大）であり、飛跡の単位長さ当たりに付与されるエネルギー量は相対的に大きい。つまり微小環境で飛跡の終端部に破壊的な影響を及ぼす。

　以下の図（図3-2）と説明は、環境省のホームページに掲載されているものである。

※4　広島平和研究、Vol.2　p.21-46、豊崎博光「キャッスル作戦とマーシャル諸島の人びと」
　　　Barbara R.Johnston and Holly M.Barker,Consequential Damages of Nuclear War:The Rongelap Report.（Walnut Creek,CA:Left Coast Press,2008）
※5　カール・モーガン、ケン・M・ピーターソン『原子力の光と影』昭和堂

図3-2 「環境省 放射線による健康影響に関する統一的な基礎資料（平成28年度版）第2章 放射線による被ばく 2.1 被ばくの経路 外部被ばくと皮膚」

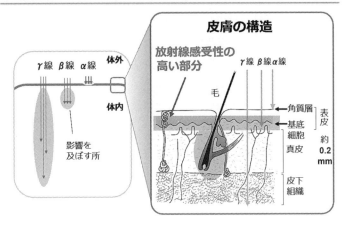

被ばくの経路 **外部被ばくと皮膚**

出典：https://www.env.go.jp/chemi/rhm/h29kisoshiryo/h29kiso-02-01-03.html

　　β線を出す放射性物質が大量に体表面に付着し、長く放置された場合には、皮膚の放射性感受性の高い基底細胞や毛根細胞に影響を及ぼし、皮膚が赤色に変化する皮膚紅斑や脱毛等が起こることがあります。

　この文章からすると、β線被曝は　毛根細胞に変異をもたらす可能性があり、牛などの白斑の原因となり得る。

　さらに以下、放射線医学総合研究所から出された本の記述である。

　　「正常な皮膚からはほとんどの放射性核種は侵入できない。しかし、蒸気あるいは液体の形のトリチウム、ヨウ素などは、例外的に皮膚からすみやかに体内に侵入する」[*1]

②福島原発事故後に見られた白斑

さて、思い出していただきたい、福島原発事故後、福島県浪江町などで

放牧されていた牛に白い斑点ができ、「原因不明」とされた事実を。そして、あの時、2011年春から夏にかけて、人間の皮膚にも白斑などが見られ、大騒ぎになった。「人間の白斑の原因は、化粧品の美白用成分（ロドデノール）」というマスコミを使った大々的なキャンペーンが行われ、カネボウ化粧品のせいにされたが、化粧品を使用していない部分の頸や腕にも、そして　その化粧品を使用していない人や男性にも白斑が見られていたのだ。また、散歩に出た多くの犬の足の裏に、点状のやけどが見られていたのだ。

　あの白斑は、β線による被曝の痕だったのではないのか。牛にも出る、馬にも羊にも出るものが、人間に出ても不思議はない。ただ人間の場合は目立たないだけだ。しかも　そのβ線とは、トリチウム水蒸気か、ガス化したヨウ素だった可能性が極めて高い。私たちは、知らないうちに被曝させられていて、しかも被曝に関して、特に「トリチウムによる被曝」に関して、情報が隠蔽された世界に生きている。そのことを私たちは改めて自覚しなければならない。

　そして、フクシマ事故後に日本の放射線被曝情報をコントロールしているのは、間違いなく国際原子力ロビー、特にIAEAだ。IAEAが福島県や福井県と結んだ覚書には「IAEAか県か一方が要求すれば、共有している情報を非公開にできる」という条項が含まれている。事故情報や測定データ、小児甲状腺がんなどについて、どちらかが「住民の不安をあおる」などとして秘密指定すれば、その情報は公開されないことになる。

　IAEAは、フクシマを掌握し、福島県内外で生じている小児甲状腺がんを〝取り上げてしまった〟のだ[6]。私たちは、原子力を絶対に容認してはならない。

※6　スイスの番組 Entretien Bruno Chareyron 2021/3/2
　　https://www.youtube.com/watch?v=qN984mb_-QE

第4章

処理水小委員会報告および
東電報告批判

■ 第1節 「多核種除去設備等処理水の取扱いに関する小委員会報告」批判

多核種除去設備等処理水の取扱いに関する小委員会報告書

2020年2月10日

　多核種除去設備等処理水の取扱いに関する小委員会（小委員会と略す）報告を検討する。以下、枠内は小委員会報告書[※1]からの引用である。

はじめに

> 注：ALPS はトリチウム以外の62種類の放射性物質を告示濃度未満まで浄化する能力を有しているが、処理を開始した当初は、敷地境界における追加の被曝線量を下げることを重視したことなどにより、タンクに保管されているALPS処理水の約7割には、トリチウム以外の放射性物質が環境中へ放出する際の基準（告示濃度限度比総和 1未満）を超えて含まれている。ALPS小委員会では、こうした十分に処理されていない水について、環境中に放出される場合には、希釈を行う前にトリチウム以外の放射性物質が告示濃度比総和1未満になるまで確実に浄化処理（2次処理）を行うことを前提にALPS処理水の取扱いについて検討を行った（詳細はP13参照）。3ページ

　ALPS処理水の約7割にはトリチウム以外の放射性物質が、環境に放出する際の基準を超えて含まれている。ALPS処理水を少なくとも放出基準以下に処理してから汚染水の処理・保管の議論を行うのが本来のあり方である。ストロンチウム90が基準値の約2万倍の約60万Bq/L含まれているなど危険な放射性物質が多量に含まれている。セシウム 137、セシウム 134、コバルト 60、アンチモン 125、ルテニウム106、ヨウ素 129、プルトニウムなどがある。処理できるものをきちんと処理してから、トリチウムのみを含む汚染

※1　018_00_01.pdf（meti.go.jp）

162

水を保管すべきである。

2020年8月27日、東京電力は、汚染されたタンク水の全ベータ放射能測定において、炭素14の存在が重要な寄与をしていることを初めて認めた文書を公表した。

炭素14は有機物として体内に取り込まれ、濃縮されるので除去しないと危険である（東京電力「ALPS処理水告示濃度比総和別貯留量の更新データ」、2020年8月27日[※2]）。東電はこの事実を隠蔽し、小委員会報告はこの点を見逃していた。

1　検討の経緯

> 説明・公聴会は、2018年8月30日に福島県富岡町、同31日に福島県郡山市、東京都千代田区で行われ、44名の方から会場で意見をお伺いした。また、書面での意見募集も併せて実施し、135名の方から意見をお伺いした。意見としては、主に、タンクに保管されているALPS処理水の安全性についての不安、風評被害が懸念されるため海洋放出に反対など、ALPS処理水の処分に関して、様々な懸念点をいただいた。その後のALPS小委員会では、この説明・公聴会でいただいた論点（以下「説明・公聴会でいただいた論点と議論の経緯」参照）について、科学的な観点における事実関係の確認を行いつつ、順次、議論を行った。8ページ

説明・公聴会において、44名の会場での意見のうち、条件付き賛成も含め2名が海洋放出に賛成し、圧倒的多数が反対した。小委員会は安全であることを説明できなかった。とくにICRPの内部被曝評価が、現実の局所的被曝を臓器全体や全身で平均して被曝量を評価している誤りが指摘された。小委員会は西尾正道氏等の上記批判に対しICRPの評価の正当性を証明できなかった。

2　ALPS処理水に係る現状の整理

> ALPS処理水、また、ALPSでの浄化処理を待っているストロンチウム処理水の量は、

※2　https://www.tepco.co.jp/decommission/progress/watertreatment/images/200827.pdf

> 2019年10月31日時点で、合計約117万㎥となっており、トリチウムの量、濃度はそれぞれ、約856兆ベクレル（Bq）、平均約73万Bq/Lとなっている。11ページ

　これまで原発から排出されたトリチウムの放出量に比べても大量であり、最大である玄海原発の10年間のトリチウムの放出量に匹敵する（第2章表2-9参照）。これまでの原発からのトリチウム放出量で玄海原発、泊原発でそれぞれ白血病死、がん死が増加している。それ故、今回のトリチウム汚染水の海洋放出でこれらの原発と同様の被曝被害の可能性が否定できない。

> 具体的には、大容量の地上タンクについて、現在設置している標準タンクと比較して面積当たりの容量効率は大差なく、保管容量が大きく増えないにもかかわらず、設置や漏えい検査等に要する期間が長期化するとともに、万が一、破損した場合の漏えい量が膨大になるという課題がある。次に、大容量の地中タンクも、標準タンクと比較して保管容量は大きく増えないにもかかわらず、漏えい量などでも大容量の地上タンクと同様の課題があることに加えて、地下に埋設するため、漏えいの迅速な検知が難しいという課題がある。さらに、洋上タンクは、石油備蓄基地で採用されている大きさでは、福島第一原発港湾内の水深が浅いため設置が困難なことに加えて、津波が発生した場合に漂流物となって沿岸に漂着し被害を及ぼす可能性があり、また、タンク外へ漏えいした場合、漏えい水の回収が困難となるという課題がある。これらのことから、標準タンクと比較して保管容量が大きく増えないため、上記の大型タンク等の福島第一原発への設置を行うメリットはないと考えられる。11ページ

　石油備蓄船は88万立方メートルの汚染水を1隻で貯蔵できる。敷地の問題は解決できるのであるから、十分検討すべきだと思われる。ところが、水深が浅い（貯蔵船の深さは27.6m）とか、津波が心配とか、漏洩水の回収が困難などと言って、実現のために努力する姿勢が全くなく、他に手段がないとして海洋放出に導く議論のようにさえ見える。なぜなら、津波で流出が心配と言いながら、無害だからと海洋に放出する案を妥当とするのは矛盾している。水深を深くするとか、深いところに備蓄船を停留させるとか方法はあるはずである。また、タンクではなくモルタル固化の提案もなされており、漏洩の心配はない。

トリチウムを汚染水から分離する技術も存在する。例えば、次の報道がある。

①　東京の経営コンサル会社「ソリューション・アイズ・イニシアティブ」(SEI) のアドバイザーで、電力中央研究所の元研究員の常磐井守泰さん (75) の情報である。

同社が着目したのは、第一原発事故後、汚染水対策に取り組む経産省が2014年に国際公募したトリチウムの分離試験事業だ。米国、ロシア、日本の3社の案が採択され、中でもロシアの国営原子力企業「ロスアトム」の子会社「ロスラオ」(現FEO) が実施した試験は「満足なデータが得られており、実現性がある」と評価する。

分離方法は、水 (100度) とトリチウム水 (101.5度) の沸点の違いを生かし、水を蒸発させて液体に戻す。これを高さ43メートルの蒸留塔 (約350段) で繰り返し、トリチウムを分離する。この試験施設は約5億7000万円を経産省が負担し、14年10月に着工され、16年2月にロシア・サンクトペテルブルク近郊に完成。3月末までの2カ月間稼働し、データが取られた。ただ、費用面では海洋放出は34億円 (政府試算) だが、分離技術は建設費や運転費など含め約790億円とロスラオは試算する (朝日新聞2020年6月22日)。

②近畿大学工学部 (広島県東広島市) 教授井原辰彦、近畿大学原子力研究所、東洋アルミニウム株式会社 (大阪府大阪市) および近大発のベンチャー企業である株式会社ア・アトムテクノル近大らの研究チームは、放射性物質を含んだ汚染水から放射性物質の一つであるトリチウムを含む水「トリチウム水」を分離・回収する方法及び装置を開発した。井原ら研究チームは、炭やスポンジのように多量の小さな穴を持つ構造「多孔質体」と、ストローのような細い管を液体につけた際に、液体が管の中を上がっていく現象「毛管凝縮」に着目し、この現象を除染技術に応用するため研究を進めてきた。

完成した多孔質体は、直径5nm (ナノメートル) 以下の大きさの微細な穴「細孔」を有し、毛管凝縮によって細孔内に水とトリチウム水を取り込んだ後、トリチウム水を細孔内に保持したまま、水だけを放出する機

能がある。この多孔質体を格納した装置（フィルター）によって、汚染水からトリチウム水を高効率に分離することができる（近畿大学総務部広報室2018年6月29日）。

廃炉・汚染水対策は、継続的なリスク低減活動であり、リスク源となりうる放射性物質を敷地外に持ち出すことは、リスクを広げることになるため、既存の敷地内で廃炉を進めることは基本である。加えて、上記のとおり、タンク保管を継続するための敷地外への放射性廃棄物の持ち出しや敷地の拡大は、保管施設を建設する地元自治体等の理解や放射性廃棄物保管施設としての認可取得が必要であり、実施までに相当な調整と時間を要する。13ページ

　海洋放出は敷地外へ放射性物質を持ち出すことではないのか。敷地外に持ち出すことができないという前提で議論しながら海洋に放出するのは矛盾している。最も安全な方法を様々な立場から検討しているとき、調整と時間がかかることを理由とするなど小委員会の熱意と誠実さと公平さが疑われる。このようにトリチウムによる被曝の危険性を考慮せず、ひたすら事務的手続きを優先する議論は、国民の生命・健康を守るという責任を放棄するものである。

また、ALPSはトリチウム以外の62種類の放射性物質について、告示濃度未満まで浄化する能力を有しているが、タンクに保管されているALPS処理水の約7割には、2019年12月31日時点でトリチウム以外の放射性物質が環境中へ放出する際の基準（告示濃度限度比総和1未満）を超えて含まれている。このように現在タンクに貯蔵されているALPS処理水の約7割は、十分な処理がなされているとは言えず、浄化処理を終えたALPS処理水とは言えない。14ページ

　まず、計画どおりにALPSで62種類の放射性物質が取り除かれなかった原因と責任を明らかにすべきである。そしてまず汚染水からトリチウム以外の除去できる放射性物質を取り除くべきである。ALPSの性能に問題はないのか。このままではトリチウム以外の放射性物質も海洋投棄される恐れがある。漏洩などの危険を避け、安全性を確認して保管するためにもまずストロンチウ

ムなどの放射性物質をALPSで徹底的に除去すべきである。

　先に述べたが重要なので繰り返す。2020年8月27日、東京電力は、汚染されたタンク水の中に、炭素14が大量に存在することを初めて認めた。炭素14は有機物として容易に濃縮され、半減期約5,730年と長寿命でベータ崩壊する。東京電力「ALPS処理水　告示濃度比総和別貯留量の更新について」（2020年8月27日）から、文書の通り、告示濃度比0.11（C14告示濃度は2000Bq/Lなので220Bq/L）として計算すると0.264TBq程度となる。かなりの量であることがわかる。除去しないと危険である。（東京電力「ALPS処理水　告示濃度比総和別貯留量の更新データ」、2020年8月27日[※3]）

　また、東京電力の発表によると有機炭素がこれまでの汚染水のタンク内の貯蔵によって数mg/Lの濃度で発生している。この有機炭素にトリチウムが結合し、すでに有機結合型トリチウムがタンク内で発生している。それ故、放出されるのはトリチウム水だけということは出来ない。東京電力のタンク群の分析結果によるとC-14を140Bq/Lも含むタンクがあった（2018年12月27日東電事務局会議資料、情報提供：岩倉政城氏に感謝）。

> 自然界では宇宙線等により地球上で年間約7京（70,000兆）Bq程度生成される。水分子を構成する水素として存在するものが多く、大気中の水蒸気、雨水、海水、水道水にも含まれており、日本における降水中のトリチウム量を試算すると、年間約223兆Bqとなる。トリチウムを含む水分子は、通常の水分子と同じ性質を持つため、トリチウムが特定の生物や臓器に濃縮されることはない。15ページ

　第1章の図1-8にみられるように自然界に存在するトリチウムより、核実験や原発・核施設によるトリチウムの放出が2桁ほど多い。それに対応してトリチウムによる人的被害も増加してきた。放射線被曝によって、ウイルスや微生物の遺伝子変異が促進されたことが、パンデミックに重要な影響をもたらしたと考えられる。東電が海洋に投棄しようとしているのは856兆ベクレル（実際は1000兆ベクレルを超える）である。自然発生のトリチウム量より圧倒的に多い。

※3　https://www.tepco.co.jp/decommission/progress/watertreatment/images/200827.pdf

「トリチウムを含む水分子は、通常の水分子と同じ性質を持つため、トリチウムが特定の生物や臓器に濃縮されることはない」という上記の小委員会記述は誤りである。小委員会報告自体が16ページでトリチウム水の5から6％が有機結合型トリチウムに移行することを認めている。

　最近の科学的事実では濃縮されることが明確になった。トリチウムは通常の水素の3倍の重さを持ち、結合力、移動速度が通常の水素とは異なる。1990年代以降のイギリスの海洋の放射性物質の研究によると河口などの砂や泥、有機物質を介して自然界で濃縮されることがわかった。第2章で述べたようにイギリスはセラフィールド再処理工場で稼働時は毎年2000兆ベクレルのトリチウムを放出してきた。さらに、第2章図2-4に示すようにイギリスの原発からのトリチウムの海洋放出量は世界で最も多く、研究も進んでいる。

　ティム・ディアジョーンズ論文「計画されている福島事故原発からのトリチウム水放出」[※4]によると、1990年代以降の研究では、英国の全海域をカバーした環境モニタリングの結果、以下の二点が実証された。①トリチウムに高度に汚染された海域に生息する魚介類のトリチウム濃度は、英国の他の（つまり海水トリチウム濃度の高くない）海域におけるよりも有意に高い。②海底生物と底生魚におけるトリチウムの生物濃縮は、まず最初に、堆積物中に生息する微生物および海底に生息する小型動物が有機トリチウムを摂取し続けて生物内にトリチウムが移行することを介して生じている。

　1999年までには、海洋放出トリチウムをモニタリングしていた英国の政府機関でさえ、調査をさらに積極的に進める姿勢を打ちだし、予防的な方向への論調が現れ始めた。英国の原子力規制機関の報告では、周辺の海水において全トリチウムの濃度が9.2Bq/kgから10Bq/kgの範囲にあったにもかかわらず、有機物を豊富に含む潮間堆積物（干潮と満潮の間の海岸の沈殿物）においては、全トリチウム濃度が2,500Bq/kgのピークを示したケースがあった。これは全トリチウム（有機トリチウムとトリチウム水の合計として）の生物濃縮の程度が極めて高いことを表していた。海水が打ち寄せることのある牧場では、牧草の有機トリチウム濃度は最高 2,000Bq/kg に上った。トリチウムが、海岸に現存する種々の諸過程に影響されて、海から陸に移動する可能性が高

※4　『海流に乗るトリチウム汚染水』ティム・ディア＝ジョーンズ、渡辺悦司訳。http://blog.torikaesu.net/?eid=78

いことが明らかに立証された。

　これに関連して観測されたのは、草食の生物種や外洋性の魚類のトリチウム濃度が、肉食動物と底生魚（海底あるいは海底近くに住む魚）より低かったことであった。この事実によりトリチウムが（有機トリチウムとして）実際に海と沿岸の食物連鎖を通して生物濃縮されていることが立証された。2009年の研究は、トリチウムは環境中の有機物質に対して親和性があり、海洋環境での有機トリチウムの存在はこの親和性の作用を受けている。放出されたトリチウムは、海洋に放出された「後に」、海洋環境中にすでに存在する有機タンパク物質に対するトリチウムの親和性の結果として、有機物と結合するようになるのである。この研究結果は、海岸線沿いおよび沿岸海域で、海に流れ込む有機物質のレベルを高めるような条件がある場合とりわけ重要となる。つまり、海岸線が侵食されていたり、核物質以外でも廃棄物放出パイプラインがあったり、河口部からの河川の流れ込みがある場合、それらの近傍で海の有機物質濃度が高まるからである。福島の海岸と海流の下流領域（すなわち福島よりも南の太平洋に面した沿岸）には、沿岸海域にこのような有機物の流入源が数多く存在する。

　2009年のターナー論文は序文でトリチウムの濃縮について次のように総括している。トリチウムがトリチウム水（HTO）として環境中に放出された場合でも、微粒子や生物体とトリチウムとの重要な相互作用が報告されてきた（ゴンティールほか1992、マッソンほか2005、RIFE2007、ジャン＝バプチストほか2007）。たとえば、放射性廃棄物中のトリチウムの放射能は、堆積物によって濾過した場合、3〜4倍減少する［すなわち1/4〜1/3になる］。これは、粘土に含まれる無機化合物（ミネラル）とトリチウム水の間の同位体交換、および水素と結合していない無機化合物へのトリチウムの吸着に起因する効果である（ロペス・ガリンドほか2008）。さらに、イングランド南西部のタマール川河口への核施設からのトリチウム水の放出の結果、水中のトリチウムの放射能は10ベクレル（以下Bq）/リットル（以下L）に希釈されていたが、他方、堆積物では乾燥重量でおよそ300Bq/kgの対応する放射能が観測された（英環境庁2003）。トリチウムの堆積物におけるこの大きさの放射能は、同位元素交換からは想定されない規模であった。というのは、水素の水中での濃度は約10^2g/L（100g/L）であり、タマール川河口の乾燥堆積物の水素濃度は約15g/

kgと測定されたからであった［つまり乾燥堆積物中で15g/100g×10Bq/kg＝1.5Bq/kgのはずが、実際にはその200倍のトリチウムが堆積物中にあったということ］。

　トリチウムが水のある環境下において固相により蓄積されるもう一つ可能なメカニズムは、トリチウム水と自然環境中の有機物との間の交換性のおよび非交換性の相互作用によるものである。タンパク質や炭水化物など生体高分子にトリチウムが選択的に取り込まれることは、十分に立証されている（マシュー＝デヴレとビネット1984、バウムガルトナーほか2001、チーとマーシュ2001）。トリチウムと水素の分別が生じるのは、重い同位体［トリチウム］が、水の分子間にある強力な水素架橋結合部よりも、生体高分子の特徴である弱い水素架橋結合部に、選択的に入り込むからである。自然環境中の錯体構造の有機分子の中に弱い水素架橋結合が存在する可能性が高いことを考慮すれば、トリチウムが水に溶けたおよび堆積物中にある有機物に蓄積し、トリチウムが有機物の吸収と摂取を介して生物濃縮されることは十分予想される。ターナー氏たちはこの濃縮を立証するために、水系におけるトリチウムの分別と反応性に関する体系的な研究を行った。彼らは、この目的で、既に確立された放射線化学的実験計画を使用し（ターナーほか1999、マルチノほか2004、ジャーほか2005）、トリチウム水として河川水と海水に付加されたトリチウムの分配を検証することとした。具体的には、固相（固形物）抽出によって、トリチウムと有機リガンドとの親和性を調べ、懸濁した堆積物微粒子へのトリチウムの取り込みの特質と程度を調べた。

　その結果は、「トリチウムが主としてトリチウム水として放出されている河口水域および海岸水域におけるトリチウムについてのすでに利用可能な観測データとは、本質的に合致する。……IAEAによって現在推奨されているが、明確な定義に基づいて行われた測定結果によっては立証されていない単位数量あたりの分配係数と濃縮係数の採用は、再検討が必要であろう」との結論であった。

　微粒子の濃度にもよるのであるがターナー達のサンプルにおける実験・測定の結果からは同位体濃縮は、およそ10^2から10^4超（100～1万超）の範囲にあると認められる。

　以上、「小委員会」の「トリチウムは濃縮されない」の記述は全くの虚偽

である。上記引用の文献は以下である※5。

> 自然界やヒトの体内には、トリチウムだけでなく、カリウム40 やポロニウム210 などの
> 放射性物質が存在しており、こうした自然由来の放射性物質による外部被曝、内部被
> 曝の影響は、日本人の場合、年間約2.1mSv である。水分子に含まれるトリチウムは
> こうした他の放射性物質と比較して健康への影響は低く、カリウム40 と比較して1Bq
> 当たりの影響は300分の1以下である。

※5　Distribution of tritium in estuarine waters: the role of organic matter
　　　Andrew Turner, Geoffrey E. Millward, Martin Stemp
　　　Journal of Environmental Radioactivity 100（2009）890–895）
　　　河口水域におけるトリチウムの分配――有機物質の役割 http://www.torikaesu.net/
　　　data/20181122_watanabe.pdf　以下の論文はこの論文に引用されている。
・Gontier, G., Grenz, C., Calmet, D., Sacher, M., 1992. The contribution of Mytilus sp.in
　radionuclide transfer between water column and sediments in the stuarine and delta
　systems of the Rhône River. Estuar. Coastal Shelf Sci. 34, 593–601.
・Masson, M., Siclet, F., Fournier, M., Maigret, A., Gontier, G., Bailly du Bois, P., 2005.Tritium
　along the French coast of the English Channel. Radioprotection 40, S621–S627.
・Jean-Baptiste, P., Baumier, D., Fourre , E., Dapoigny, A., Clavel, B., 2007. The distribution of
　tritium in the terrestrial and aquatic environments of the Creys-Malville nuclear power plant
　(2002-2005) . J. Environ. Radioact. 94, 107–118.
・Lôpez-Galindo, A., Hach-Ali, P.F., Pushkarev, A.V., Lytovchenko, A.S., Baker, J.H.,Pushkarova,
　R.A., 2008. Tritium redistribution between water and clay minerals. Appl. Clay Sci. 39, 151–
　159.
・Mathur-De Vre, R., Binet, J., 1984. Molecular aspects of tritiated water and natural water in
　radiation biology. Prog. Biophys. Molec. Biol. 43, 161–193.
・Baumgârtner, F., Kardinal, C., Müllen, G., 2001. Distribution of tritium between water and
　exchangeable hydrogen bridges of biomolecules. J. Radioanal. Nucl.Chem. 249, 513–517.
・BNFL, 2003. Discharges and Monitoring of the Environment in the UK. British Nuclear
　Fuels Limited, Warrington, 159 pp.
・Chih, H.W., Marsh, E.N.G., 2001. Tritium partitioning and isotope effects in adeno-sylcobalamin-
　dependent glutamate mutase. Biochemistry 40, 13060–13067.
・Turner, A., Hyde, T.L., Rawling, M.C., 1999. Transport and retention of hydrophobic organic
　micropollutants in estuaries: implications of the particle concentration effect. Estuar. Coastal
　Shelf Sci. 49, 733–746.
・Martino, M., Turner, A., Nimmo, M., 2004. Distribution, speciation and particle–water
　interactions of nickel in the Mersey Estuary, UK. Mar. Chem. 88, 161–177.
・Jha, A., Dogra, Y., Turner, A., Millward, G.E., 2005. Impact of low doses of tritium on the
　marine mussel, Mytilus edulis, Genotoxic effects and tissue-specific bioconcentration. Mutat.
　Res. 586, 47–57.)

> このように、放射性物質あるいは有害物質とされるものであっても、自然界やヒトの体内には一定量が存在しており、人体への影響の大小は、その濃度によることに留意すべきである。15ページ

　これは根本的に誤った記述である。確かに、人体には通常のカリウムに混じって、その1万分の1の放射性カリウム40が4000から6000ベクレル存在する。しかし、このカリウム40と、セシウム137やトリチウムのベクレル数を比較して安全を議論することはよく使われる誤魔化しである。幾億年も前から存在するカリウム40に対しては、生物は進化の過程で適応してきた。通常のカリウムの生体活動における必要性から細胞膜はカリウムチャンネルを持ち、それを通じてカリウムイオンは自由に生体内を移動できる。それ故、カリウム40は常に体内にほぼ一様に分布している。ところが人工の放射性元素であるセシウム137やトリチウムは人体の特定の部位や分子に取り込まれ、局所的・集中的な被曝を与える。とりわけ不溶性の微粒子としても取り込まれ、局所的に集中的・継続的な被曝を与える。これが、ユーリ・バンダジェフスキー博士達が発見した「長寿命放射性元素取り込み症候群」の原因である。単純に濃度やベクレル数のみで評価することは根本的な誤りである。「水分子に含まれるトリチウムはこうした他の放射性物質と比較して健康への影響は低い」という記述はトリチウム水の有機物への取り込みや濃縮、活性酸素を介しての放射線の間接効果を無視する非科学的な議論である。それ故、上の記述は住民をだますことになる。

> （トリチウムの生体影響）
> ●トリチウムは弱いベータ線だけを出すので、影響が出る被曝形態は内部被曝。
> ●国際放射線防護委員会（ICRP）の勧告による預託実効線量（大人50年間、子ども70歳までの被曝）
> トリチウム水（HTO）：1Bq当たり0.000000018mSv（$1.8×10^{-8}$mSv）[6]
> 有機結合型トリチウム（OBT）：1Bq当たり0.000000042mSv（$4.2×10^{-8}$mSv）[7, 8]　18ページ

図 4-1　セシウム 137 の多くの組織への取り込みによる症候群（体内臓器に蓄積の実証）

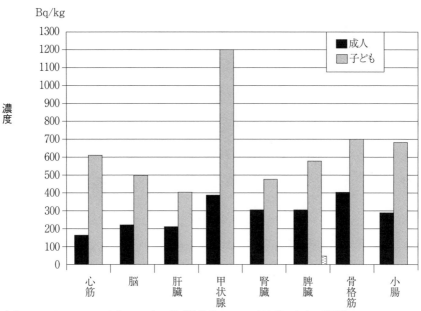

Bq/kg

濃度

出典：ユーリ・Ｉ・バンダジェフスキー著『放射性セシウムが人体に与える影響』

　このICRPによるトリチウムの生体影響を評価する預託実効線量（BqをSvに換算する係数）が著しい過小評価である。ICRPや小委員会はトリチウム水でセシウム137の700分の1、有機結合型トリチウムでセシウム137の300分の1の内部被曝量としている。本書第1章3節や第2章で述べたように、この線量係数の根拠が科学的に明らかでない。毎日トリチウム水を継続して摂取すると徐々に有機結合型トリチウムとして蓄積されていく。交換されにくい有機分子の水素も時間が経つごとにトリチウムに置き換えられる。置換されにくかったOBTは、逆にOBTとしての寿命が長くなる。小委員会が挙げて

※6　体内に取り込まれたトリチウム水のうち約5〜6%がOBT に移行するため、その影響も考慮した数値。
※7　OBT の生体内の半減期は、40日若しくは1年程度の2タイプがある。それも考慮した上でトリチウム水と比較して2〜5倍程度の影響。
※8　トリチウム化合物からの内部被曝量は、類似した体内分布を示す水溶性の放射性セシウム（セシウム137）と比較して300分の1以下となる。

図 4-2　ペトカウ効果の概念図

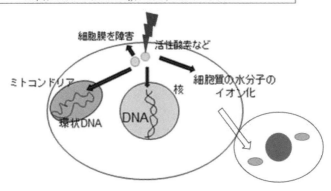

低線量放射線は活性酸素（˙OH, ˙O₂⁻）などを発生させ、細胞内の器官を傷つける
ミトコンドリアについては遠藤順子氏の論考参照
http://nukecheck.namaste.jp/ronbun/1711endo.html#11

細胞膜を障害　　活性酸素など

ミトコンドリア　　　　　核　　細胞質の水分子のイオン化

環状DNA　　DNA

ほぼあらゆる疾患が起こり得る

出典：遠藤順子氏作成

いる5～6%と言う低い交換率から長寿命のOBTと考えられる。低エネルギーとはいえ、活性酸素を発生させるからセシウム137と同様の被害が生じると考えられる。

　もしトリチウムの排出基準に相当する6万ベクレル/kgのトリチウム水を投棄してそのまま生体内に入り、小委員会案のように5～6%が有機結合型トリチウムOBTとなったとすると体重1kg当たり3000～3600ベクレル/kgとなる。莫大な量のトリチウムが有機物として取り込まれ臓器に蓄積することになる。ただし、有機分子の水素原子の割合を水分子と同じとした。このトリチウムの濃度は恐ろしく高濃度である。たとえば、チェルノブイリ事故の被曝者の被害を医学的に研究したユーリ・バンダジェフスキー博士によると被曝により、多臓器不全で死亡した大人や子どもの臓器に蓄積したセシウム137の1kg当たりのベクレル数は200～500ベクレルであった（図4-1）。上記のトリチウムのベクレル数はこのセシウム137のベクレルより1桁多い。しかも有機結合型トリチウムは濃縮され、トリチウム水のトリチウム濃度より高くなることもある。セシウム137もトリチウムもベータ線を放出するから同様の被害が生じる危険性がある。セシウム137ではもっと少ない体重

図 4-3　玄海原発稼働の前後の白血病死亡率

原発稼働前（1969 〜 1976 年）の佐賀県内自治体の玄海原発からの距離と住民の年平均白血病死亡

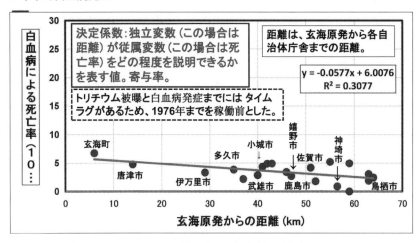

相関係数 R= -0.5547　相関係数の有意性の検定 p= 0.011
決定係数 R²=0.307　（死亡率の出典：佐賀県人口動態統計）

原発稼働後（2001 〜 2012 年）の佐賀県内自治体の玄海原発からの距離と住民の年平均白血病死亡

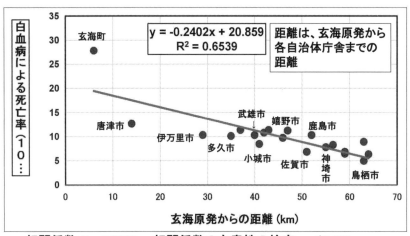

相関係数 R=-0.8086　相関係数の有意性の検定　p＜0.001
決定係数 R²=0.6539　（死亡率の出典：佐賀県人口動態統計）

出典：森永徹元純真短期大学講師の京都講演資料より

1kgあたり20ベクレルの蓄積でも子ども達の心臓に異常が起き、心電図に異常がでた。

　小委員会はトリチウムの放出するベータ線のエネルギーが低いことを持って被曝被害が小さいと言いたいようであるが本書1章で議論したように低エネルギーのベータ線は周りの分子との相互作用が強くなる。クラスター損傷や遺伝子の二重切断が起こりやすくなる。放射線によって発生した活性酸素が細胞膜を破壊するペトカウ効果は活性酸素が多いと活性酸素同士で打ち消し合い、むしろ、低エネルギー、低線量の方がその効果が大きいことが知られている。

　図4-1のように内部被曝によって心臓などの多くの臓器が損傷され死に至るのは、放射線によって発生した活性酸素やラディカルによる細胞膜、細胞核、ミトコンドリアなどの破壊現象であるペトカウ効果のためである。ペトカウ効果というのは、「細胞の膜は高線量の外部照射ではなかなか破壊されないが、内部被曝の形で放射線を持続的に受けると低線量でも簡単に破壊される」という現象である。この現象をアブラム・ペトカウ博士というカナダ原子力公社主任研究員が偶然発見したのである。ペトカウ博士の実験では脂肪の二重層でできた細胞膜のモデルに、外部被曝の形で、高線量の放射線を外部から断続的に照射すると、細胞膜は3万5,000ミリシーベルトでやっと壊れた。一方細胞膜を放射性の食塩水の中に入れておいたところ、低線量内部被曝の形になって、わずか7ミリシーベルトで破壊された。外部被曝の5000分の1というわずかの放射線量で破壊されたのである。そしてペトカウ博士は細胞膜を破壊するのは放射線の直接作用でなく、放射線によって生じた活性酸素による間接作用であることを明らかにした（図4-2参照）。活性酸素は細胞膜だけでなく、核やミトコンドリアなども損傷し、多様な病気を引き起こす。

　内部被曝はヒロシマ・ナガサキ以来、歴史的に一貫して無視されてきた。ICRPの放射線被曝体系は内部被曝を隠蔽するものである。ICRPの被曝の体系は吸収エネルギーを臓器や身体の質量で割った吸収線量のみから内部被曝を評価しようとするものである。しかし、放射線に応答する分子や細胞、臓器や免疫やホルモン作用等の具体性を抜きにして被曝の応答としての病気や健康破壊を議論することは出来ない。ICRPやIAEAの理論は内部被曝に関

図 4-4　白血病死亡率　（人 /10 万人）

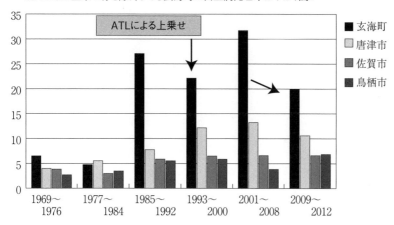

ATLによる上乗せ分を除外しても玄海町の白血病死亡率はやはり高い

データ出典:佐賀県人口動態統計

出典：ATL（成人Ｔ細胞性白血病）による上乗せ分を除いても玄海町の白血病死亡率は高い。
　　　http://nukecheck.namaste.jp/ronbun/180513morinaga.html
　　　京都市民放射能測定所　論文書庫 (namaste.jp)

しては完全に無力なのである（矢ヶ崎克馬著『放射線被曝の隠蔽と科学』2021年、
緑風出版を参照）。線量係数の問題点の詳細は本書1章3節を参照されたい。

これまでの動物実験や疫学研究から、「トリチウムが他の放射線や核種と比べて特別に
生体影響が大きい」という事実は認められていない。
・マウス発がん実験では、線量率が3.6mGy／日（飲み水のHTO濃度：約１億４千万
　Bq/L程度）以下で頻度、質ともに自然発生と同程度となっている。
・原子放射線の影響に関する国連科学委員会（UNSCEAR）によると、原子力関
　連施設の作業従事者のガン致死に関する、100mSv当たりの過剰相対リスクは、
　原爆被爆者からの評価値と同程度であり、「トリチウムは他の放射線や核種に比
　べて健康影響が大きい」という事実は認められない。
・トリチウムを排出している原子力施設周辺で共通にみられるトリチウムが原因と
　考えられる影響の例は見つかっていない。17ページ

　これは真実を見ない虚偽の記述である。以下のようにトリチウムの被曝被

害と考えられる被害が広く見られる。

（1）玄海原発周辺の白血病の増加

　森永徹氏によると、2002年から2012年の間で今回投棄されるのとほぼ同量のトリチウムが放出された玄海原発周辺では白血病が増加している（森永徹氏の京都での講演資料より、図4-3）。

　玄海原発では原発稼働後白血病死が増加した。単年度で見ると、玄海町と唐津市では1983年から増加傾向がみられ、1985年から高止まりしている（図4-4、表2-10、データ佐賀県人口動態統計）。

　ATL（成人T細胞性白血病）による上乗せ分を除いても玄海町の白血病死亡率は高い。

（2）北海道泊原発稼働後の泊村のがん死の増加

　加圧水型原発である北海道の泊原発でもがんの増加が顕著で、泊村は泊原発稼働後、全がんと内臓5がんの死亡比において北海道では1位となってしまった（斉藤武一著「がんの村」と「泊原発」2020年、自費出版）。

　原発周辺地域の白血病の増加については河田東海夫氏:元原子力発電環境整備機構（NUMO）理事の批判がある。玄海原発以外では原発からの距離と白血病死との相関はないという批判である。この問題はもっと学術的に疫学を用いて議論され次のように決着している。長くなるが重要なことなので詳しく説明する。

（3）日本の原発周辺地域での白血病死の増加を証明した疫学論文

　明石昇二郎著『悪性リンパ腫多発地帯の恐怖』（宝島社　2012年発行）の「文庫版のためのあとがき」の338ページに重大なことが書かれている。原発周辺の市町村で白血病の増加が疫学を用いて証明されたことが書かれている。その論文はドイツのホフマン氏（Wolfgang Hoffmann）達によるもので、元放

表 4-1　泊村のがんの状況（斉藤武一氏の解析による）

がん8種	死亡比				全道順位	
	運転前	運転後	変化率	増減	運転前	運転後
全がん	117.8	157.6	133.7	+39.7	19位	1位
内蔵5がん	102.1	163.1	159.7	+61.0	70位	1位
肺がん	106.0	177.3	167.0	+71.3	64位	3位
食道がん	57.0	168.5	295.6	111.6	94位	8位
大腸がん	85.0	183.6	216.0	+98.6	69位	2位
肝臓がん	128.0	142.0	119.9	+14.0	11位	3位
膵臓がん	161.0	197.1	122.4	+36.1	40位	4位
胃がん	79.5	124.2	156.4	+44.7	67位	10位

死亡比は標準化死亡率＝ SMR で全国平均 100 を基準としている。

射線医学総合研究所・生物研究部長岩崎民子氏たちの論文[※9]に対するLetter to the Editor としてかかれたものである。

　岩崎氏たちの論文は白血病も悪性リンパ腫も原発周辺市町村と原発のない市町村でその死亡比率に差がないという論文である。このデータを正しく統計処理を行えば白血病死が原発周辺の市町村では原発のない市町村に比べて20％程度多いというのがホフマン論文である。

　明石氏は次のように書いている。

　　（論文の執筆者である岩崎氏らは）個別の地域ごとに比較した上で結論づけているが、この方法は統計学的に見て誤りだ。より適切な方法は、原発が設置されている自治体全体の合計と対照地域全体の合計を比較することである。そもそも、日本の全国平均に基づく白血病予測数が251例でしかないのに対し、原発設置自治体全体では307例も観測されている。
　　また、73年から87年までの15年間を73 〜 77年、78 〜 82年、83 〜 87年の3つに分けて分析し直すと原発設置自治体の方が常に相対リスクが高いばかりか、最近になるほど相対リスクは上昇している。
　　小児白血病の死亡率が低下してきているのは、白血病治療が大きく進

※9　Leukaemia and lymphoma mortality in the vicinity of nuclear power stations in Japan, 1973-1987
T Iwasaki, K Nishizawa and M Murata
Journal of Radiological Protection, Volume 15, Number 4 ,271-288

歩したことによるものと考えるのが妥当である。原発の潜在的影響を評価するためには「死亡率」ではなく「発生頻度」を用いなければならないのにそれをやっていない。

結論として、原発設置自治体と対照地域の比較では、原発設置自治体における白血病死亡率の一貫した上昇が認められた。

参考資料

1　正しい論文

Leukaemia and lymphoma mortality in the vicinity of nuclear power stations in Japan 1973-1987

Hoffmann, W.; Kuni, H.; Ziggel, H. J. Radiol. Prot. 1996 Vol. 16 No 3 213–215 Printed in the UK

1973年～1987年で日本の原子力発電所周辺における白血病とリンパ腫の死亡率

要約

　1995年に原発を持つ市町村における白血病とリンパ腫の死亡率は対照地域と有意な差はなかったという論文が出版された。現レターはそのデータを再検討し、異なった解析を行った。その結果、統計的に有意に白血病死が日本の原発を立地する市町村で増加していることが証明された。

表4-2　白血病死（全年齢；９５％信頼度で全て下限が１を超えている）

地域の定義	A 観測数	A 期待値	A 比率	B 観測数	B 期待値	B 比率	A/B 相対比	比率の幅 95%幅
(1) 全て	307	251.0	1.22	1215	1165.2	1.04	1.17	1.03-1.33
(2) 部分	196	153.6	1.28	774	756.3	1.02	1.25	1.06-1.46
(3) 2除全部	161	133.0	1.21	689	697.2	0.99	1.22	1.03-1.46
(4) 2除部分	126	104.7	1.20	570	577.8	0.99	1.22	1.00-1.48

A:原発のある市町村、B:　対照地域

(1) 1973～1987　1987年以前に原発が稼働した全ての地域

(2) 1973～1982　稼働して1年の期間を経た原発を持つ地域　1983～1987は全原発
　；1973～1977　東海、敦賀、美浜、大熊、双葉　1978～1982　1973～1977のサイトに高浜、島根県鹿島、玄海、浜岡、伊方、1983～1987　1983～1987のサイトに大飯、富岡、楢葉、女川、牡鹿郡女川町、川内、柏崎、刈羽

(3) 1973～1982；1982～1987に1年の期間を経た全ての原発、川内と玄海を除く

(4) 1973～1982；1年の運転期間を持つ原発のある地域、川内と玄海を除く1973～1977　東海、敦賀、美浜、大熊、双葉、1978～1982、1973～1977に高浜、鹿島、浜岡、伊方、1983～1987；1978～1982に大飯、富岡、楢葉を加えた地域

（4）トリチウムによる影響と考えられる健康被害のその他の実例

　今まで原因物質が不明であったが、最近はとみにトリチウム真犯人説が強まっている。簡単に紹介する（本書第2章も参照）。

(1) 上澤千尋氏によればカナダのピッカリング原発やブルース原発といったCANDU炉が集中立地する地域の周辺で、子供たちに遺伝障害、新生児死亡、小児白血病の増加が認められている。冷却に用いた重水に中性子が当たるとトリチウムが発生するためである（上澤千尋氏：「福島第一原発のトリチウム汚染水」『科学』2013年5月号、岩波書店、p 504）。

(2) ロザリー・バーテル博士は1978年から1988年の間のピッカリング原発からのトリチウム放出量と周辺地域におけるそれ以降の先天欠損症、死産数、新生児死亡数との間に相関があることを指摘している。さらにダウン症、カナダの原子力労働者の高いがん発症、小児白血病の増加とトリチウムとの関連を明らかにしている。Rosalie Bertell, "Health Effects of Tritium" 2005

(3) アメリカでは原子炉閉鎖地域の半径80km以内に住む1歳以下の乳児死亡率を調べた。「原子炉閉鎖前に比べて閉鎖後2年の乳児死亡率は激減した」。9カ所の原発の乳児死亡の平均減少率は17.3%だがミシガン州ビッグロック・ポイント原発周辺では42.9%も減少した。Joseph J.Mangano, "Radiation and Public Health Project"

(4) ジェイ・M・グールド博士やアーネスト・J・スターングラス博士らによる乳がん死亡リスクの調査で、「1950年以来の公式資料を使って、100マイル（160km）以内に核施設がある郡と無い郡で、年齢調整乳がん死亡率を比較し、核施設がある郡で有意に乳がん死亡率が高い」という調査結果が出たのである。「乳がん死亡率の高いところの分布」は、「米国の核施設の分布」にほぼ一致する。Jay M. Gould著、肥田舜太郎、齋藤紀訳『低線量内部被曝の脅威』緑風出版（2011年）第7章、第8章。

(5) アメリカ・イリノイ州シカゴ近くの原発周辺で、子どもたちのがんや白血病が増えていたという内容が伝えられた。小児科医のジョセフ・ソウヤー氏の報告によれば、シカゴ近くのブレイドウッド原発とドレスデン原発の周辺では1997年から2006年の10年間に、白血病や脳腫瘍が、それ以前の10年間に比して1.3倍に増加し、小児がんは2倍に増えていたという。そしてその後、これらの原発が、2006年までに10年以上にわたり、数百万ガロン（1ガロン＝3.785リットル）のトリチウムを漏洩してきたという文書が当局により公開されたのである。Joseph R. Sauer,

表4-3 「KiKK研究」における5km圏のオッズ比

	オッズ比	95%信頼区間下限値	症例数
全小児がん	1.61	1.26	77
全小児白血病	2.19	1.51	37

"Health Concerns and Data Around the Illinois Nuclear Power Plants"

(6) 2007年12月にドイツの環境省と連邦放射線防護庁が、「原発16基周辺の41市町の5歳以下の小児がん発症率の調査研究（KiKK研究）結果」を公表した[※10]。その結果は「通常運転されている原子力発電所周辺5km圏内で小児白血病が高率に発症している」というものだった（表4-3）。

(7) フランスでは、「フランス放射線防護原子力安全研究所（IRSN）の科学者研究チーム」が、2002年から2007年までの期間における小児血液疾患の国家記録をもとに、フランス国内の19カ所の原子力発電所の5km圏内に住む子どもたちの白血病発生率を調べた。結果は「原発から5km圏内に住む15歳以下の子どもたちは、白血病の発症率が1.9倍高く、5歳未満では2.2倍高い」というものだった。しかし、「原因は不明」とされている『ルモンド紙』2012年1月12日。（要約「フランスねこのニュースウオッチ」）。

(8) 2002年3月26日、「イギリス・セラフィールド再処理工場の男性労働者の被曝とその子どもたちに白血病および悪性リンパ腫の発症率が高いことの間に強い関連性がある」という論文が『インターナショナル・ジャーナル・オブ・キャンサー』誌に掲載された[※11]。この研究の結論は、「セラフィールド再処理工場のあるカンブリア地方の白血病および悪性リンパ腫の発症率に比べて、再処理労働者のうちシースケール村外に居住する労働者の子どもたちの発症リスクは2倍であり、さらに工場に近いシースケール村で1950〜1991年の間に産まれた7歳以下の子どもた

※10　ドイツ・連邦放射線防護庁の疫学調査報告「原子力発電所周辺の幼児がんについての疫学的研究」。原題は、Epidemiologische Studie zu Kinderkrebs in der Umgebung von Kernkraftwerken
　　原子力資料情報室　澤井正子「原子力発電所周辺で小児白血病が高率に発症−ドイツ・連邦放射線防護庁の疫学調査報告」
※11　H. O. Dickinson, L. Parker, "Leukaemia and non-Hodgkin's lymphoma in children of male Sellafield radiation workers", International Journal of Cancer, vol.99,2002: pp437-444

図4-5　平成18年から23年までの糖尿病死亡率の年次推移（10万人当たり）

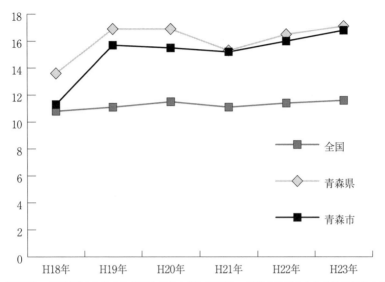

出典：児玉順一『放射能から生命と健康を守るお話』記録集。福島の子どもたちを放射能から守るプロジェクト＠あおもり発行

ちのリスクは15倍にも及ぶ」というものである（原子力資料情報室通信339号　上澤千尋「セラフィールド再処理工場周辺の小児白血病リスクの増加　父親の放射線被曝の影響を再確認」2002年8月30日）。

(9) 糖尿病などの非がん性疾患にもトリチウムが関与している可能性の指摘。内科の臨床医児玉順一氏（埼玉県）によって、トリチウムと糖尿病の関連が指摘され、トリチウムが、がんや遺伝性の疾患ばかりでなく、非がん性の疾患にも関与する可能性が示された。児玉氏は六ヶ所村再処理工場からのトリチウムの排出で、青森県の糖尿病死亡率が日本一になってしまったことから、その前に約20年間も日本一を続けていた徳島県と伊方原発の操業と2012年以降の停止との関係から、トリチウム汚染と糖尿病の増加の関係を論じている（図4-5、『放射能から生命と健康を守るお話』記録集　福島の子どもたちを放射能から守るプロジェクト＠あおもり発行）。20年間の第1位から福島原発事故後、伊方原発停止により、徳島県の糖尿病死亡率は7、8位に下がっていたが、2016年からの伊方原発

の再稼働後、2017年には徳島県は再び1位に返り咲いてしまった。このように児玉氏の仮説は両方向で証明されようとしている。

3　処分方法の検討について（省略）

4　風評被害対策の方向性について（省略）

5　まとめ

海洋放出について、国内外の原子力施設において、トリチウムを含む液体放射性廃棄物が冷却用の海水等により希釈され、海洋等へ放出されている。これまでの通常炉で行われてきているという実績や放出設備の取扱いの容易さ、モニタリングのあり方も含めて、水蒸気放出に比べると、確実に実施できると考えられる。ただし、排水量とトリチウム放出量の量的な関係は、福島第一原発の事故前と同等にはならないことが留意点としてあげられる。なお、海洋放出、水蒸気放出のいずれも放射線による影響は自然被曝と比較して十分に小さい。加えて、風評への影響も踏まえると、いずれの方法でも、規制基準と比較して、なお十分に希釈した上での放出を行うなどの配慮を行うことが必要となる。40ページ

　このまとめはトリチウムを含む汚染水を希釈して投棄しても生態系を通じて濃縮されるので危険であることを無視しており誤っている。現実に原発や再処理工場周辺で被害が出ていることを考慮していない暴論である。

参考文献

1　多核種除去設備等処理水の取扱いに関する小委員会　報告書　018_00_01.pdf（meti.go.jp）
2　東京電力「ALPS処理水告示濃度比総和別貯留量の更新データ」、2020年8月27日　365）
　　（https://www.tepco.co.jp/decommission/progress/watertreatment/images/200827.pdf）
3　『放射線被曝の争点』渡辺悦司、遠藤順子、山田耕作、緑風出版、2016年
4　『放射線被曝の隠蔽と科学』矢ヶ崎克馬、緑風出版、2021年

「多核種除去設備等処理水の取扱いに関する
小委員会報告書を受けた当社の検討素案について」

2020年3月24日
東京電力ホールディングス株式会社

1　トリチウム以外の残存放射性物質の危険性、とりわけストロンチウム90の重大な危険性

　東電の資料は看過できない内容を含んでいる。ここでは、①トリチウム以外の放射性物質とりわけストロンチウム90（Sr90）の汚染水中の含有量とその重大な危険性、②福島で放出されたトリチウム汚染水は広範囲に拡散されず、「バックグラウンドレベル（1Bq/L）を超えるエリアは発電所近傍に限られる」という東電の拡散シミュレーションを検討しよう。

　汚染水中のトリチウム以外の放射性核種の含有量について東京電力は具体的なデータを公表していない。基本的なデータもなしに、その放出を議論するのは、国民を愚弄するものである。

　だが、広島原爆の放出量と比較可能なほどの莫大な量のSr90がALPS処理水に含まれていることは、東京電力「多核種除去設備等処理水の取扱に関する小委員会報告書を受けた当社の検討素案について」の10ページにある図から容易に試算することができる（上記図4-1、数値は以下に表2-1として表示している）。

　東電は、図4-1で、ストロンチウム90の基準値（30Bq/L）に対する汚染水で観測された倍率（東電の用語では「告示濃度限度比」）を、「100倍〜」と表記しているだけで、その最大値を明記していない。汚染水タンク中のストロンチウム90について、過去の東電の発表では、これらタンクはSr90について

東電の2018年9月28日発表では2万倍（60万Bq/L）、東電の2013年8月のタンク漏出事故についての2014年4月12日発表では、基準の93万倍（2800万Bq/L）とされていた。ここではこの2例を使って計算した。

　それによれば、ALPS処理水の中にはおよそ広島原爆放出量（58テラベクレル）の少なくとも20分1から最大3分の1程度のストロンチウム90が含まれている可能性が高い。

　「〜1倍」のタンクに含まれる汚染水を放出するとしているが、それだけで45億Bqという大量の危険な放射性物質Sr90が環境中に放出されることになる。海の生態系で生物濃縮されることも明らかである。

　このように莫大な量のトリチウム以外の放射性物質が、なし崩し的に放出されてしまう事態は許されない。とくにSr90は、いったん体内に取り込まれると骨に蓄積して容易には排出されず、白血病や骨腫瘍などを引き起こす危険性が極めて高い（名取春彦『放射線はなぜわかりにくいのか』あっぷる出版、2013年、209〜213ページ）。

　また、ストロンチウム90は2段階にβ壊変し、まずイットリウム90となるが、イットリウムは膵臓に特異的に蓄積し、そこで2回目の壊変を起こし、糖尿病や膵臓がんを引き起こすリスクが指摘されている（アーネスト・スターングラス氏「放射線と健康」青森講演 http://fujiwaratoshikazu.com/2011disaster/、前掲名取春彦氏など）。

　さらには、脳とその機能に対する、自閉症などのリスクも指摘されている（黒田洋一郎／木村・黒田純子氏『発達障害の原因と発症メカニズム』河出書房新社、2014年、291〜295ページ）。

2　汚染水が事故原発周辺で留まり広範囲には拡散しないという東電のシミュレーション

　東電はトリチウム汚染水の海洋放出の場合の拡散シミュレーションを公表している（図4-2）。その結論は、「バックグラウンドレベル（1Bq/L）を超えるエリアは発電所近傍に限られる」というものである。

　シミュレーションが行われた具体的条件は、年間放出量以外は公開されておらず、放出がどのように行われると仮定しているのか不明である。トリチ

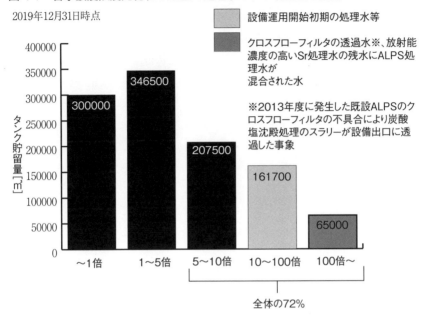

図 4-1　告示濃度限度比総和 1 以上の処理水は、二次処理を実施

2019年12月31日時点

設備運用開始初期の処理水等

クロスフローフィルタの透過水※、放射能濃度の高いSr処理水の残水にALPS処理水が混合された水

※2013年度に発生した既設ALPSのクロスフローフィルタの不具合により炭酸塩沈殿処理のスラリーが設備出口に透過した事象

全体の72%

出典：https://www.tepco.co.jp/decommission/progress/watertreatment/images/200324.pdf

表 4-1　東電の公表しているタンクの告示濃度限度比別のタンク貯留量からの Sr90 貯留量の試算

倍率（倍）	タンク貯留量m3	倍率の中央値	Sr90排出基準Bq/L	Sr90換算貯留量Bq
～ 1	300,000	0.5	30	4.50×10の9乗
1 ～ 5	346,500	2.24	30	2.33×10の10乗
5 ～ 10	207,500	7.07	30	4.40×10の10乗
10 ～ 100	161,700	31.6	30	1.53×10の11乗
100 ～※	65,000	1,414	30	2.76×10の12乗
100 ～※※	65,000	9,661	30	1.88×10の13乗
合　計	－	－	－	3.03 ～ 19.0×10の12乗

注※：これらタンクは Sr90 について東電が発表した最大 2 万倍（60 万 Bq/L）として計算した（2018 年 9 月 28 日発表）。

注※※：東電の 2013 年 8 月の事故についての 2014 年 4 月 12 日発表の数字、基準の最大 93 万倍（2800 万 Bq/L）として計算した。

ウムの放出が継続的に行われているのか、ある期間だけに限られているのか、また図の分布は放出開始後どの程度経った時のものなのか、放出されるトリチウムの濃度はどのレベルなのか（別な箇所で1500Bq/Lと示唆されているがシミュレーションには明記はされていない）などが明らかでない。

もう１つの不明点は、深さ方向にどの程度広がっているのかが分からないことである。周知のように、海洋の表面付近には、「混合層」と呼ばれる、鉛直方向に水温や塩分、物質などが良く混ざっている層がある。放射性物質が海洋の表層に放出されると、多くの場合はこの混合層の中で深さ方向には一様になって広がることになる。この深さが１mなのか、50mなのか、100mなのかで、海水１リットルあたりの放射性物質の量も変わってくる。混合層は、季節や天候の状況にも依存して変わるので、どのような時期で、どの程度の混合層の深さがあるのかも、結果を理解するためには重要な情報である。濃度区分が事実上「1Bq/L」超か未満かだけの区分とされており、通常よく行われる0.001Bq/Lまでの細かい区分でのシミュレーション結果（後述図4-6参照）は掲載されていない。これらの情報が記載されていないため、結果を正しく理解して、現下の問題に対する適切な結果であるのかを検討することはできないと思われる。

　福島県沖での大まかな海流の流れの概略をおさらいしておこう（図4-3）。福島沖には強力な南向きの海流（親潮と対馬海流分流）が流れており、千葉県沖で黒潮とぶつかって太平洋方向に流れる。

　2019年の台風19号（10月12日上陸）が通過した後の福島県から千葉県沖の13日の衛星写真（読売新聞2019年10月15日、JAXA「しきさい」による、図4-4）によれば、福島県沖から茨城県沖では、海に流れ出した土砂や泥土により海水が変色し、大きな渦を巻くように南方向に流れていることが見て取れる。これとは対照的に、千葉県の房総半島沖では、強力な北東方向の海流が存在していることが示されている。一番上の濃い大きな泥土の流入が宮城県の阿武隈川、中央部少し上に小さく小名浜港が見えているが、そのすぐ南が鮫川で、ここまでが福島県、中央部下の2本の大きな流入が茨城県の久慈川と那珂川、下方が利根川であると思われる。福島県沿岸に流れ込んだ泥土が大きく南方面に流れていることがはっきりと示されている。

　このように、事故原発の沖合においては強力な南向きの海流が存在していることが確認できる。この衛星画像だけから言っても、トリチウムの「バックグラウンドレベル（1Bq/L）を超える（汚染）エリアは発電所近傍に限られる」という東電のシミュレーションが現実を全く反映していない可能性が高いことがうかがわれる。

図 4-2

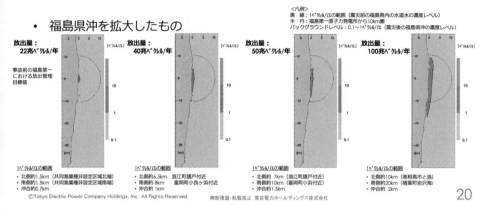

- 福島県沖を拡大したもの

©Tokyo Electric Power Company Holdings, Inc. All Rights Reserved.　　　無断複製・転載禁止　東京電力ホールディングス株式会社

20

- 東北南部〜関東北部

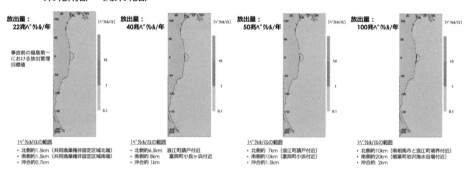

出典：https://www.tepco.co.jp/decommission/progress/watertreatment/images/200324.pdf

　次に、①仮にこの東電のシミュレーションを仮定した場合どのような結論が考えられるのか、②このシミュレーションに対してどのような先行研究があるのか、③それらを考慮した場合この東電シミュレーションをどう考えるべきなのか、を考察しよう。

　①まず、東電の発表に用いられているシミュレーションを行ったと思われる数値モデルに関して、数値モデル自体の設定や結果の精度が、今回のトリチウム汚染水放出の状況をシミュレーションするに十分な能力と分解能を持っており、また適切な条件設定をしていると仮定してみよう。すなわち最

図 4-3

日本近海の海流

オホーツク海
中国
ロシア
北朝鮮
韓国
対馬海流
黒潮（日本海流）
太平洋

出典：http://imagic.qee.jp/kairyuu.html

初から「シミュレーション結果は到底信頼できない」とまでは言えないと仮定して、どのような結論が出てくるか考えてみよう。

　そうすると、汚染水放出の影響は、もっぱら事故原発沖とその近傍の福島県沖に限られ、海洋放出からの陸上への影響も福島県に限られるという結論が出てくる。既に検討したように放出されたトリチウムは、有機結合型トリチウムに転化し、プランクトンや魚や水鳥により濃縮され、結局は「集中的に」福島県周辺の住民の健康影響として帰ってくるであろう。われわれは②③で述べるようにこれらの影響は南方向に、首都圏に近づく方向に拡散し、結果的には太平洋全体に、南・東シナ海からインド洋方面に広がると考えているが、東電シミュレーションが正しいと仮定すれば、汚染水の海洋放出の影響は、「集中的に」、福島県民と福島の漁業者に、さらには関連する福島の旅館業や観光業者に帰されることになる。

　つまり、東電のシミュレーションの通りの事態が起こると仮定すれば、東電は、事故放出放射能によってだけでなく、事故処理のための汚染水放出によっても、健康影響や被害の大きな部分をもっぱら福島県民にとくに漁業者や観光業者に集中的に加えようとしているということになる。その意味で、このシミュレーションは、東電が、福島県民や周辺住民に対してであれば、幾重にも被害を与えても何とも思わないかのような、福島県と周辺住民に対する頭から愚弄した態度を表現しているのである。

　上で見たように、この東電のシミュレーションは、計算結果を一面的一時的に切り取ったであろうような、作為あるいは悪意の可能性が否定できない。

その場合、東電自身が、福島に対する「ウソ」や「風評」を流して「風評被害」を自分で拡散しているといわれても仕方がない。

②升本順夫氏（東京大学教授）は、2011年3月の原発事故後の4月末時点について、以下のシミュレーション結果を得ている（「海洋に直接漏洩したCs137の分散シミュレーション」『原発事故環境汚染』東京大学出版会、2014年、図4-5）。升本氏は、いろいろな条件の組合せで、6つのシミュレーション事例を挙げているが、手堅い手法であると評価できる。

東電シミュレーションは、升本氏の「モデル5」図4-5（e）のほんの一部だけを切り取っているようにも見える。

もう一つの拡散シミュレーションは、青山和夫氏らによるものである。それは太平洋全体から南シナ海・東シナ海さらにはインド洋を対象としたもので、図4-6の通りである。

福島からトリチウム・ストロンチウムなどの放射能汚染水を太平洋に放出すれば、放射性物質はまずは南に、首都圏に

図4-4 2019年台風19号直後の福島から千葉沖の海流、福島県沖から千葉・東京湾までの拡大図（JAXA）――福島県からの土砂が千葉・東京方面に流れている姿がよく現れている

出　典：https://www.eorc.jaxa.jp/earthview/2019/tp191028.html
読売新聞2019年10月15日号に掲載。https://www.yomiuri.co.jp/s/ims/typhoon19/

近づく方向に流れ、さらには黒潮とぶつかって複雑な渦となりながら東に流れ、アメリカ・カナダ東海岸から東南アジア全体を広範囲に汚染することになる。

青山氏によれば、北太平洋での汚染水の移動速度は「270日間に1800km」とされている（実測値）。とすると、東京・バンクーバー間の距離は約7560kmなので、およそ3年余りで北米大陸沿岸に流れ着く計算になる。青

図 4-5 福島第一原発から放出された汚染水の流れシミュレーション（2011 年
4 月下旬時点）

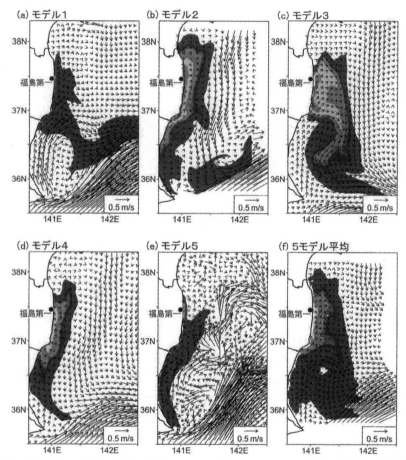

出典：升本順夫ら「海洋に直接漏洩した Cs137 の分散シミュレーション」、中島映至ほか編『原
　　　発事故環境汚染』（東京大学出版会、2014 年）所収

山氏によれば、汚染水はそこからさらに「一部は日本近海に戻るとともに、
インド洋から大西洋および太平洋の赤道の東で南に越えて南太平洋に輸送さ
れるであろう」という（青山道夫著「東京電力福島第一原子力発電所事故に
由来する汚染水問題を考える」『科学』、岩波書店，
　2014 年 8 月号 0859-60 ページ）。福島の海は文字通り世界の海に通じている。
福島で流せば世界の海を汚染するのである。

青山氏らのシミュレーションによれば、北米大陸西海岸に漂着する予想時期は、2015年であった。NHKニュースは、2015年4月7日、北米西海岸で採取された海水から福島原発事故由来の放射性セシウム（Cs134およびCs137）が観測されたと報道した。青山氏らのシミュレーションがきわめて正確な予測であったことが実際に証明されたわけである。

　東電のシミュレーションは、これらの先行研究やそれに基づく観測事実を全て無視している。

　③トリチウムの「バックグラウンドレベル（東電によれば1Bq/L）を超えるエリアは発電所近傍に限られる」という東電シミュレーション結果は、放出するトリチウムの濃度を希薄とし、周囲の多くの河川の流入が汚染水拡散に及ぼす影響を恐らくは無視し（上記台風後の衛星写真を参照のこと）、深さのパラメーターを適当に選択し、放出後の期間を適当に選択する（恐らくは短くとる）などによって、得ることが可能であろう。だが東電が、このシミュレーション結果によって海洋投棄されたトリチウム等放射能汚染水が「発電所近傍から拡散しない」と結論づけるとすれば、それは暴論であり、意図的に操作されたシミュレーション結果を使った誤った印象操作であると言わざるを得ない。福島で海洋投棄された放射性物質が、広く拡散し、太平洋全体や一部インド洋までを汚染することは、すでにシミュレーションの問題ではなく現実の事態である。

　しかも、海水は常に陸上の水循環と交流している。蒸発した海水から生じた雨雲による陸上への環流は言うまでもない。さらに、ウェザーニューズのサイトが強調しているように、台風時の塩害の広がりが海水の陸上への影響を示唆している。このことは、そのまま海の放射能汚染が（トリチウムだけでなくストロンチウムやセシウムなどについても同じである）、内陸部にいたる広範囲の陸上を再汚染する危険性を示している（図4-7）。

3　［付論］大阪湾で放出した場合何が起こるか？

　2019年9月17日、日本維新の会・松井一郎代表は、処理水放出の「大阪湾」受け入れに「協力する余地がある」と発言した。産経新聞は、同氏が「増

図 4-6 福島原発事故放出放射能の太平洋汚染拡大のシミュレーション

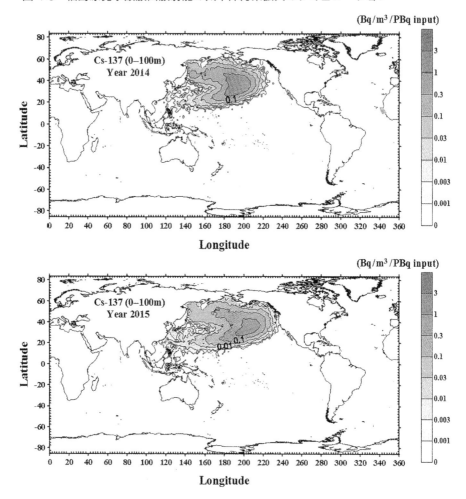

え続ける処理水」に関して「『科学が風評に負けてはだめだ』と述べ、環境
被害が生じないという国の確認を条件に、大阪湾での海洋放出に応じる考え
を示した」と書いている (2019年9月17日)。同趣旨の発言は、吉村大阪府知事、
橋下徹氏なども繰り返している。維新の会は、あわせて全国各地でも汚染水
放出を受け入れるように提言している。結局、彼らは、全国で政府のトリチ
ウムの危険性を「風評」として全否定し、「トリチウム無害論」の宣伝と汚

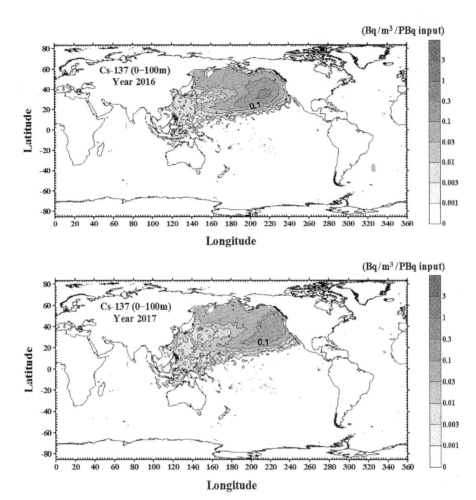

出　典：10. Pavel P. Povinec, Katsumi Hirose, Michio Aoyama; Fukushima Accident ―
　　　　Radioactivity Impact on the Environment; Elsevier 2013, P.251-252)

染水海洋放出の「手先」として協力しようというわけである。

　2021年現在、このような動きは、あまり目立たなくなっているが、今後汚
染水放出が迫るにつれて再び表に出てくることが十分予想される。大阪府と
大阪市は、すでに震災がれきの焼却に協力しており、その際の健康影響も指
摘されており、警戒が必要である。

　この意味からも、大阪湾でトリチウムを実際に放出すると何が起こると考

えられるかを検討しておこう。

(1) 国土交通省のデータによれば、大阪湾内には、渦を描いて環状に回る強力な潮流（沖の瀬環流と西宮沖環流）が存在する（図4-8）。汚染水塊が環流に巻き込まれその内部に入り込んだ場合、湾外には出て行かず、長期に湾内に留まる客観的条件があるわけである。こうして放出された汚染水は、早期に拡散・希釈されることはなく、大部分が湾内にとどまり、長期に滞留する可能性が高い。つまり、放出された汚染水は、大阪湾周辺とその近郊に暮らす2000万人の住民を、トリチウムおよびストロンチウム90や炭素14など汚染水に含まれる放射性物質による深刻な被曝に晒すだけでなく、その過程が極めて長期にわたるということである。

(2) 大阪市から放出されたトリチウムを含む汚染水は、結局は、明石海峡や紀淡海峡から瀬戸内海や紀伊水道に流れ出て、瀬戸内海全体・紀伊水道海域全体をも放射能で汚染するであろう。だが、流出した先も内海や湾である。この事情が、(1)で述べた状況を広範囲に再生産することになる。

(3) 汚染水の全部あるいは一部を大阪湾に放出すれば、大阪湾の海水全体を汚染するだけではない。前述した塩害の例でわかるように、蒸発や拡散によって、関西地域の全土壌と全水系をトリチウムやストロンチウム90、炭素14などで汚染する。大阪湾および瀬戸内海・紀伊水道、結局は関西地方のプランクトン→魚介類→動植物→生態系全体を放射能汚染することになる。

(4) 第1章で検討した、UNSCEARのトリチウム放出集団線量リスク（極めて過小評価されたものであるが）から計算してさえ、かなりの被害が想定されることが明らかになる（第1章表4-1、4-2）。汚染水のどのくらいの割合を、大阪湾で放出する計画なのかは不明であるが、いま全量を大阪湾で放出すると仮定しよう。放出量が半分の場合は被害リスクも2分の1に、1割の場合は10分の1と考えればよい。UNSCEARのリスク係数については、すでに第1章第4、5節　で検討したように1000分の1への過小評価——これはECRRの過小評価補正係数と一致する——があると仮定しよう。そうすると、トリチウムだけで推計しても、がんだけをとって1800人の新規発症と400人のがん死が出る可能性があるということである。

数千万人の人々をこれだけの被害リスクに晒すという決定が、議会や公開の場での討論も公衆の前での議論もなしに、市長や府知事の一存だけで決定

図 4-7 台風による海水の広範囲の飛散の実例──塩害の広がり

出典：https://weathernews.jp/s/topics/201810/030165/

図 4-8 大阪湾の恒流

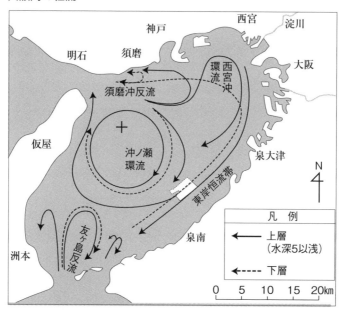

出典：国土交通省近畿地方整備局「データで見る大阪湾」「潮流」。原図は藤原建紀ら
「大阪湾の恒流と潮流・渦」、1989年海岸工学論文集36巻より

されるということは決して許されない。もしも、そのようなことが行われることがあれば、市長や知事らは「未必の故意」による「大量殺人者」とされても仕方がない。

第5章

環境放射能汚染とウィルス変異の加速化、パンデミック反復の危険性

世界的な原発利用の拡大と使用済核燃料の再処理によって、また繰り返される世界各地の原発や核施設での大事故によって、人工的なトリチウム放出量は現在のレベルからさらに拡大しようとしている。さらに現在世界の核大国、核帝国主義が準備している「小型核」を使った核戦争が現実に起こるという最悪の場合には、放射性降下物＝「死の灰」だけでなくトリチウムの放射能放出量もさらに拡大するであろう。事故を起こした福島原発に溜まっている汚染水の放出もまたこのような環境への放射能放出の世界的な動きの一環である。放出されているのは、本論考で取り上げたトリチウムや炭素14、放射性希ガスだけではない。

　だがこのような事態からは、いったい何が生じると想定されるであろうか。人間の健康に対する影響は、すでに第1～3章で詳しく検討した。ここでは、現に生じている新型コロナウィルスによるパンデミックと自然環境の放射能汚染の関連について考えてみよう。

　多くの人々は、原発推進勢力や政府側専門家はとくにそうであるが、物事を利害から捉えることにいわば「慣れっこ」になっていて、トリチウムを大量に含む汚染水を流そうが、放射能で地球環境を汚染しようが、自分たちに対する直接の影響が見えなければ「問題ない」か「関係ない」と考えている。危険性やリスクは「見ない」というか「見えない」という、ジェニファー・エバート氏の的確な表現によれば、安全・安心サイドへの「無意識のバイアス」[※1]である。もっとストレートに言えば、実際に現象として現れていても、無意識のうちに「見ない」か「見えない」ことにするのである。

　日本の財界のトップ、中西宏明経団連会長は、原発製造企業（日立）のトップ経営者であっただけでなく、原発反対派を公然と「エモーショナルな人たち」（「非科学的な人たち」と示唆する揶揄）と決めつけてはばからなかったほどの原発強行推進論者[※2]であった。財界は、だが自分たちの最高首脳の1人を、75歳という財界人としては相対的に若い年齢で、「リンパ腫」により失った[※3]。

　だが悪性リンパ腫は、普通のがんではない。がん一般が放射線被曝に関連する可能性があるが、悪性リンパ腫は、稼働中の原発から放出される放射能に関連する可能性がとくに高いとされているがん疾患の1つである[※4]。もちろん、個人の病気の原因について確実なことは何も言えないが、中西氏が人生のどこかの段階で、（おそらくは、基本的部分が日立製であった福島第1原発の事

※1　ジェニファー・エバート著・山岡希美訳『無意識のバイアス』明石書店（2020年）

※2　「経団連会長『感情的な人と議論　意味ない』原発巡る議論に」朝日新聞デジタル 2019年3月11日付　https://www.asahi.com/articles/ASM3C663FM3CULFA01Q.html

※3　「中西宏明・経団連前会長が死去 リンパ腫再々発で治療中」朝日新聞デジタル 2021年7月1日　https://www.asahi.com/articles/ASP7143X5P63ULFA037.html

※4　明石昇二郎『敦賀湾原発銀座「悪性リンパ腫」多発地帯の恐怖』宝島社（2012年）、初版の発刊は1997年。悪性リンパ腫の放射線被曝との関連は、厚労省のサイトでも指摘されている。「悪性リンパ腫、特に非ホジキンリンパ腫と放射線被曝との因果関係について」厚生労働省　労働基準局　https://www.mhlw.go.jp/shingi/2008/10/s1010-3.html

故の後に)、被曝を受け、それが後年のがん発症につながった可能性は強く示唆される。

　つまり、原発推進派トップの被曝関連疾患による死去も、原発推進のもたらしてきた大量の放射能放出に対して自然が与えた「教訓」である可能性は否定できないのである。だが、日本の財界人たち、少なくともその主流の人々は、この教訓を一顧だにしないかのようだ。原発推進陣営のトップが、つまり自分たちの最高指導者が、原発関連が疑われる疾患で死去しても、何の反省もなく無情に振る舞っている。基本的な原発への依存と残存老朽原発の全面再稼働の強行という現在の危険な方針を、せめてのことに立ち止まって再点検する1つの機会にしようとはしていない。

　だが、それだけではない。事態は、電力産業や原発機器業界だけでなく財界・自民党・ほとんどのマスコミ・学会・その他関連諸団体を挙げて、世界的な「脱炭素」の波に乗り、既存原発（27基）すべての再稼働へ、全原発の60年稼働へ（続いて80年へ）、さらに衆院選挙が終われば「原発新増設」や「リプレース」方針の決定へ、「再処理工場本格稼働」へ、「新型炉」や「次世代炉」開発[5]へとしゃにむに突き進もうとしているかの様相を呈している。

　このような、新エネルギー基本計画策定に関連する原発への一種の熱狂は、支配層側から見てもある種危険なレベルにまでに進みつつあるようだ。政府の2020年度『原子力白書』が、生まれつつある原発の「新たな安全神話」に公然と警告を発するまでに至ったからである。日本政府の公式文書である同白書は、「基準を満たせば安全という慢心がはびこり、『新たな安全神話』が生みだされる懸念がある」と「警鐘」を発している[6]。「安全という慢心」と「新たな安全神話」——これらの結果として、次なる、チェルノブイリ・福島原発事故の規模かそれらを超える原発重大事故へと事態が突き進んでいることに、支配層内部でも一端の躊躇があることを示唆している。

　「警鐘」を言うのであれば、現在進行中のコロナ禍、新型コロナウィルス

※5　日立のホームページ「日立の原子力ビジョンと新型炉開発」
　　　https://www.hitachihyoron.com/jp/archive/2020s/2020/02/02d03/index.html
　　　東芝のホームページ「安全性に優れた次世代炉・新型炉の追求」
　　　https://www.toshiba-energy.com/nuclearenergy/rd/safety-reactor.htm
※6　日本経済新聞「『新たな安全神話』懸念——新規制で慢心　警鐘」2021年7月28日付
　　　https://www.nikkei.com/article/DGKKZO74234870X20C21A7EP0000/

（SARS-COV-2）によるパンデミック（世界的大流行、COVID-19）こそ、改めてこのような状態に対する自然から人類への深刻な「警鐘」だと捉えるべきである。遺伝子の急速な変異がコロナウィルスの顕著な特徴であること1つを見ても、コロナウィルスには環境放射能を含む環境中の突然変異促進物質が影響しているとしか考えられない。ウィルスの突然変異が環境放射線や環境汚染物質（活性酸素やフリーラジカルなど）によって促されることは明らかであるからだ。

　もちろん、現在進行中のコロナ禍が今後どのような展開をとるか、ワクチンの効果や治療薬開発の帰趨を含めて、予め決めてかかることはできない。流行初期にあった、遺伝学的な「日本人例外論」や「アジア人例外論」すなわち「ファクターX論」は、現実そのものによって、一部専門家たちの「権威」と「名誉」と共に、打ち砕かれてしまった。菅政権によるコロナ禍での東京五輪の強行によって、事態は、悲劇的結末に向かって、半ば人為的に促された形で、転がり落ちて行きつつあるように見える。菅首相が東京五輪を「人類が新型コロナウィルスに打ち勝った証し」[※7]と、最近に至るまで虚偽の自画自賛を繰り返していたことを決して忘れないようにしよう。

　本章では、コロナ感染症の広範な（後遺症を含めての）病態やコロナパンデミックの全面的な分析を試みるものではない。現在最重要の根本的問題はその原因であり、その発生原因の一つ、重要な要因の一つが、われわれがここまで検討してきたトリチウムをはじめ人工放射能の人為的な環境放出、それによる地球環境全体の放射線レベルの上昇にあるのではないかという問題を提起することである。

※7　4月20日毎日新聞「菅首相、再び『コロナに打ち勝った証しの五輪』と発言　衆院本会議」
https://mainichi.jp/articles/20210420/k00/00m/010/266000c

第2節　コロナパンデミックにおける真の問題

——ウィルスに対する放射能・有害物質による環境汚染の影響

　環境の放射能汚染や化学物質汚染で、とくに深刻なのは、人体影響だけではない。細菌・ウィルス世界に対する影響、とくに半ばむき出しの遺伝子（DNAあるいはRNA）であるウィルス（1例は図5-1）への影響は重大である。

　微生物は、放射能汚染・複合環境汚染の影響を極めて受けやすい。ウィルスは常に遺伝子変異を繰り返している。

　またウィルスの遺伝子には、とくにコロナのようなRNAウィルスの場合には、複製ミスをチェックしたり修正したりする機能が十分備わっていないか、極めて弱い。自然的過程として、ウィルスや細菌の遺伝子変異は、常に確率的に生じ、とくに感染力や有毒性の強いウィルスが一定あるいは不確定な周期で現れる。

　環境中の放射線レベルの上昇がウィルスに与える影響については、以下の現象を確認できる。

［ウィルス遺伝子の変異の促進と加速］

　環境中の放射線濃度の上昇が生じた場合、このようなウィルスの変異の促進と加速が必然的に生じざるをえない。この点だけからも、放射線に被曝するとウィルス突然変異の加速化が生じ高毒性のウィルスの出現確率が上昇するであろうことは明らかである。

　微生物学のよく使われている教科書の1つである中込治監修『標準微生物学　第13版』医学書院（2019年）は、ウィルスに放射線（X線）を照射すると変異の頻度が高くなる現象を記している（343ページ）。ウィルスの遺伝子変異については多くの型があり、ここでは取り扱えないが、この点も同書第29章「ウィルスの遺伝・進化」を参照願いたい。

　問題は、環境放射線の上昇が現在パンデミックを生みだしているコロナウィルス（図5-1）の生成と何らかの重要な関連があるのではないかというこ

図 5-1　コロナウィルス（プラス鎖 RNA ウィルス）の概念図

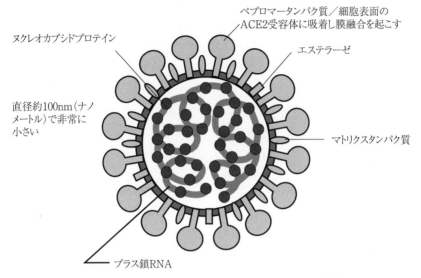

ペプロマータンパク質／細胞表面の
ACE2受容体に吸着し膜融合を起こす

ヌクレオカプシドプロテイン

エステラーゼ

直径約100nm（ナノ
メートル）で非常に
小さい

マトリクスタンパク質

プラス鎖RNA

出典：https://www.niid.go.jp/niid/ja/kansennohanashi/9303-coronavirus.html より作成

とである。

　多くのウィルス学者・微生物学者（山内一也氏、宮沢孝幸氏など）が、今回のパンデミックをもたらした環境要因の重要性を指摘している[8]。だが、私の見た限り、彼らは放射線影響には触れていないようである[9]。彼らが指摘している放射線以外の重要な諸要因——温暖化や森林破壊、野生動物の食肉化やヒトと野生動物の接触の増加、グローバリゼーションや経済格差拡大などの社会経済的要因などは、その通りであり、ここでは触れないことにしよう。

---

[8]　文献は非常に多く、十分に検討できていないが、参考にしたものとして以下のみを挙げておく。山内一也『ウィルスの世紀　なぜ繰り返し出現するのか』みすず書房（2020年）、『新版 ウィルスと人間』岩波書店（2020年）
　　宮沢孝幸『京大おどろきのウィルス学講義』PHP新書（2021年）
　　免疫学の観点からは、宮坂昌之『新型コロナ7つの謎』講談社（2020年）がある。

[9]　コロナウィルスへの放射線影響を明確に指摘した論考としては、小出裕章「原発被害とコロナ被害『今だけ金だけ自分だけ』による災厄」『人民新聞』2020年11月5日付がある。
　　ウィルスに対する放射線影響は多面的であり、被曝による変異の加速化だけではない。

［大気汚染や化学物質汚染と放射線影響との複合影響――フリーラジカル産生で共通］

　環境（大気）汚染・環境破壊にプラスして、環境の放射能汚染とくにRNA・DNAに直接入り込むトリチウムによる汚染が、複合影響として、累積的かつ相乗的に、ウィルスのRNA・DNA変異を飛躍的に促していると考えるべきであろう。前述の中込治監修『標準微生物学　第13版』医学書院（2019年）は、X線など放射線以外に、亜硝酸、ヒドロキシルアミン、ニトロソグアニジンなどの活性酸素・フリーラジカルを産生する化学物質によりウィルスの変異の頻度が高くなることを指摘している。われわれは、これらの作用が「複合的に生じる」可能性を強調したいと考える。

［人間と動物への健康影響］

　放射能汚染および化学物質汚染・大気汚染がもたらした人間と動物界全体の健康状態の変化と弱化、とりわけ免疫機能の障害・異常・低下、および呼吸器系や心血管系への影響が、宿主側の条件として加わる。つまり、人間にウィルスを伝染させる動物系の健康状態の変化と、そのウィルスを受け取る人間の側の健康状態との両方が問題になる。

──歴史的概観

　放射能による環境汚染が、ウィルスや細菌の変異を促進することによって、高毒性のウィルスや細菌が生みだされ、それが活性化して、人類に重大な健康被害をもたらし、人類の生存そのものを脅かす危険性がある──このことは、大気圏核実験のもたらす不可避的な結末の一つとしてすでに1950年代から指摘されてきた。

［先駆的なサハロフ博士の問題提起］

　グロイブ、スターングラス『人間と環境への低レベル放射能の脅威』あけび書房（2011年）は、アンドレ・サハロフ博士──ソ連の水爆開発者でありながら、核実験や核開発・核戦争による放射能の危険と核実験停止を訴え続けた──が、早くも1958年に、原爆や原水爆実験によって環境中に放出される「死の灰」により、「様々なウィルスが危険なものに変異」する危険があると警告したことを指摘している[10]。サハロフ氏は、このような変異の歴史的事例として、19世紀半ばに生じたジフテリアの変異と、氏の論考執筆当時のインフルエンザ（おそらく「アジア風邪」のことであろう）の大流行を挙げている。他方では、サハロフ氏は、放射性降下物によってばら撒かれた放射能によって生じる「活性酸素」によりウィルス・細菌に対する「人間の免疫組織が弱体化」する恐れがあると警告していた。グロイブ、スターングラス氏らは、この点にも注目するよう訴えている。なおサハロフ氏によれば、このようなウィルス・細菌による危険は、放射能による遺伝性影響に匹敵すると示唆されている[11]。

※10　グロイブ、スターングラス両氏（肥田舜太郎・竹野内真理訳）『人間と環境への低レベル放射能の脅威』あけび書房（2011年）217ページ
※11　サハロフ氏の論考は以下のサイトで読むことができる。
　　　http://fissilematerials.org/library/sgs01sakharov.pdf

[エイズウィルスの変異をめぐって]

スターングラス氏らは、早くから、大気中核実験が拡散した大量の「死の灰」と1980年代からのエイズの発症・蔓延との関連の可能性を指摘してきた。スターングラス氏らは、1986年に発表された「仮説」で次の点を強調している。エイズウィルス（HIV）自体はすでに1940年代から散発的に症例が発見されていたが、大気圏核実験による放射性降下物（とくに放射性ストロンチウム）が、以前の有害性の低かったウィルスを、現在の致死性のHIVに変異させ、それが1980〜82年にエイズの世界的規模での蔓延を導いたと考えられると。事実、中央アフリカ、カリブ海地方、米国東海岸など集中的にエイズが発症した地域は、緯度において大気圏核実験が繰り返し行われた実験場の緯度と重なっていた[※12]。つまり、成層圏に舞い上がった帯状の「死の灰」が降下してきたゾーンと一致しているわけである。

[チェルノブイリ事故で実証されたウィルス・細菌の変異の加速化と活性化]

スターングラス氏らは、自らのこのような見解を「反証のない仮説」と呼んでいたが、チェルノブイリ原発事故で汚染された地域において細菌やウィルスの活動を観察した当時のソ連の科学者たちは、実際に、この現象を観測し、それがもはや仮説ではなく現実であることを実証した。ヤブロコフ氏らによれば、チェルノブイリ事故によって「追加被曝を受け」たウィルスを含むすべての微生物類は、「急激に変化」し、「突然変異の頻度が高ま」り、「この小進化の機構がすべての放射能汚染地域で活発になり、在来ウィルスや細菌を活性化したり、新種を出現させたりする」ことが確認されているという（ヤブロコフら『チェルノブイリ被害の全貌』岩波書店［2013年］239ページ）[※13]。

※12　前掲、グロイブ、スターングラス『人間と環境への低レベル放射能の脅威』215〜217ページ、263〜264ページ
　　　核爆発は強力な上昇気流を生みだし、対流圏を越えて成層圏下層まで到達し、成層圏下層に幅の広い帯状の放射能汚染層を形成する。その後数十年から数百年をかけて放射性物質は対流圏に落下してくると考えられている。
※13　落合栄一郎氏は、2020年に刊行された新著においてヤブロコフ氏らのこの指摘に注目している。その後のコロナパンデミックを考えるとき、これは極めて時宜にかなった指摘であったと考える。筆者（渡辺）は個人的にこの部分を読んだことが、コロナパンデミックと放射能環境汚染

表5-1　エマージング（新興）ウィルスの出現と自然宿主

年	病気（原因ウィルス）	発生国・地域	自然宿主
1957	アルゼンチン出血熱（フニンウィルス）	アルゼンチン	ネズミ
1959	ボリビア出血熱（マチュポウィルス）	ブラジル	ネズミ
1967	マールブルグ病（マールブルグウィルス）	ドイツ	コウモリ
1969	ラッサ熱（ラッサウィルス）	ナイジェリア	マストミス※
1976	エボラ出血熱（エボラウィルス）	ザイール	コウモリ
1977	リフトバレー熱（リフトバレーウィルス）	アフリカ	ヒツジ、ウシ
1981	エイズ（ヒト免疫不全ウィルス）	アフリカ	チンパンジー
1991	ベネズエラ出血熱（グアナリトウィルス）	ベネズエラ	ネズミ
1993	ハンタウィルス肺症候群（シンノンブレウィルス）	アメリカ	ネズミ
1994	ブラジル出血熱（サビアウィルス）	ブラジル	ネズミ
1994	ヘンドラウィルス病（ヘンドラウィルス）	オーストラリア	コウモリ
1997	高病原性トリインフルエンザ（トリインフルエンザウィルス）	香港	カモ
1998	ニパウィルス脳炎（ニパウィルス）	マレーシア	コウモリ
1999	ウェストナイル熱（ウェストナイルウィルス）	アメリカ※※	野鳥
2003	SARS（SARSコロナウィルス）	中国	コウモリ
2003	サル痘（サル痘ウィルス）	アメリカ	齧歯類
2004	高病原性トリインフルエンザ（トリインフルエンザウィルス）	アジア	カモ
2009	新型インフルエンザ（インフルエンザウィルス）	アメリカ、メキシコ	ブタ？
2012	MERS（MERSコロナウィルス）	サウジアラビア	コウモリ
2015	ジカ熱（ジカウィルス）	ブラジル	サル
2019	COVID-19（SARSコロナウィルス2型）	中国	コウモリ

※（引用者注）ネズミの一種
※※（引用者注）当初の発見は1937年にウガンダであった。1999年に北米で毒性の高い新型のウィルスが発生し流行。
出典：山内一也『新版 ウィルスと人間』岩波書店（2020年）83ページ

[コロナパンデミックの前史]

　新型コロナウィルスによるパンデミックは、すでに全世界で2億人以上に感染し430万人以上の人々の生命を奪って（2021年8月8日現在）なお、その猛威が衰える兆しは見えていない。だが、これにもまた前史があった。

　1918年には有名な「スペイン風邪」の世界的大流行があり、全世界で、第1次世界大戦の死者を大きく上回る5000万人が死亡したと推定されている。だが、これでも過小評価であろうと思われている。

との関連を考えていく上で「eye opener」となったことを記しておきたい。落合栄一郎『21世紀の核問題』（英文）、Nuclear Issues in the 21st Century, Invisible Radiation Effects on Life, Nova Science Publishers, 2020、96ページ

図 5-2　ヒト新興ウィルスの出現数の推移

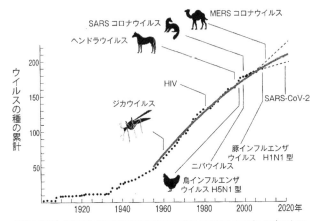

出所：WWF（2020）COVID19：Urgent call to protect people and nature
（一部改変）

出典：宮沢孝幸『京大 おどろきのウイルス学講義』PHP新書、2021年、55ページより引用

　第二次世界大戦後では、1957年に「アジア風邪」、1968年には「香港風邪」の世界的大流行があり、それぞれ全世界で200万人、100万人が亡くなったと推定される（日本経済新聞2020年6月29日付）。これらはインフルエンザウィルスによるものである。

　2000年代以降、エマージング・ウィルス（新興ウィルス）が次々と出現する傾向が顕著となっている。1976年に豚インフルエンザ（米国）の流行があったが、それに続いての2000年ごろ豚インフルエンザ（メキシコ・米）。2002年中国広東省から広がったSARS（重症急性呼吸器症候群、これはコロナウィルスである）。2009年の新型インフルエンザ（鳥、豚由来とされる）はメキシコが発生地であった。2012年以降、MERSウィルス（コロナウィルス、中東戦争による米軍の劣化ウラン弾との関連が指摘されている）。2013〜15年エボラ出血熱（エボラウィルスによる、西アフリカ）。これらを挙げるだけで十分であろう。すなわち、今回のコロナ禍以前にもすでに何回も危険な「ニアミス」事例があり、現在のコロナパンデミックは起こるべくして起こったのである（表5-1、図5-2参照）。

これらの新興ウィルスは、時期的に見て、大量の放射能を環境中に放出した核実験の開始（1945年）以降に、さらには湾岸戦争（1990年〜）・イラク戦争（2003年〜）・ユーゴスラビア内戦（1991年〜）などでの劣化ウラン弾の大量使用と、時期的に並行してあるいは少し後を追う形で出現してきていることに注意すべきである[14]。

※14　劣化ウラン弾使用の放射線影響としての従軍兵士らの「湾岸戦争症候群」については、ロザリー・バーテル「劣化ウランと湾岸戦争症候群」ICBUW編『ICBUWの挑戦 ウラン兵器なき世界をめざして NO DU ヒロシマプロジェクト』合同出版（2008年）を参照。

　パンデミックに対する放射能汚染と放射線被曝の諸要因の検討の前に、そ
れらが作用しその作用を増強すると思われる放射線以外の大きな諸要因を検
討しよう。

［大気汚染の健康影響］

　その一つは、環境汚染とくに大気汚染による健康影響である。現在、原発
推進論と結びついて環境問題を「二酸化炭素削減」の問題に矮小化する傾向
が強まっているが、これは根本的な誤りである。原発に反対する人々の中に
はこの傾向への機械的反発として、正反対の「二酸化炭素無害論」のような
主張が見られるが、これもまた危険な一面化である。

　これらの議論は、いずれも、二酸化炭素と共に放出されている莫大な大気
汚染物質、窒素酸化物[15]、イオウ酸化物、大気中微粒子（PM2.5、PM0.5など大
気エアロゾル粒子）、有害化学物質、環境ホルモン物質などの危険性を無視な
いし著しく軽視している。また大気汚染の中には、放射性微粒子による放射
能汚染が重要な要因として含まれていると考えられる。たとえば、中国から
飛来する微粒子汚染の中には、中国の核実験やそれ以前にはソ連の核実験に
よって放出され砂漠などの土壌粒子に沈着・吸着した放射性微粒子が含まれ
ている可能性が高いことにも注意しなければならない[16]。

　2018年のWHO推計によれば、大気汚染は全世界で年間に880万人の犠
牲者を出している[17]。ヨーロッパについては、マックス・プランク研究所か

※15　今後、二酸化炭素排出削減の目的でアンモニア燃料が広く使用されようとしているが、これ
　　は各種の窒素酸化物、NOXを放出することによって取りかえしのつかない大気汚染をもたらすで
　　あろう。
※16　高田純『中国の核実験』医療科学社（2008年）。
※17　「大気汚染で世界で年間880万人が早死に　従来推定値の2倍　喫煙原因上回る」AFP通信
　　2019年3月13日付
　　　https://www.afpbb.com/articles/-/3215540

表5-2　ヨーロッパでの環境大気汚染による年間過剰死者数の推計（79万人）
　　　と内訳

症状	症例数	割合	備考
心血管疾患・心筋梗塞	31.6万人	40%	心血管系に大きなストレスを及
脳梗塞・脳卒中	6.3万人	8%	ぼしている
肺がん	5.5万人	7%	呼吸器系に大きなストレスを及
慢性閉塞性肺疾患（COPD）	4.7万人	6%	ぼしていることが示されている
肺炎	5.5万人	7%	
その他の非感染症	25.3万人	32%	
合計	79万人		

出所：マックス・プランク研究所 Air pollution is one of the world's most dangerous health risks
　　（2020年3月3日）のデータによる。シカゴ大学ノーマ・フィールド名誉教授のご好意による。
　　https://www.mpg.de/14551937/air pollution health risk

　ら、大気汚染による死者の詳しい内訳が推計されている（表5-2）。大気汚染が、コロナウィルスが襲う対象である呼吸器系や心臓・血管系に深刻な影響を及ぼしていることは明らかである。これが世界的なパンデミックの条件を生みだした基礎となったのである。

　この場合、大気汚染が原因とされている健康被害の中には、狭義の大気汚染だけでなく、現在も原発・再処理工場から放出されている大量の気体状・蒸気状の放射性物質（トリチウムや希ガス）およびエアロゾル状の放射性微粒子による影響、すなわち環境放射能汚染の影響も、一つの要因あるいは複合要因の一つとして含まれていると考えるべきであろう。

［免疫機構への影響］

　もう一つの要因は、動物・人間世界への影響とりわけ免疫不全・障害・攪乱である。ウィルスへの耐性（免疫力）には、動物種やヒト間での大きな格差があることが知られている。コウモリやラクダなどが強く、ウィルスが体内にいても発症しないが、他の動物やヒトでは発症する。たとえば、狂犬病ウィルスは、コウモリを宿主とするかぎり発症しないが、イヌでは発症し、ヒトでも発症し致死性となる。コウモリはウィルスが体内にいてもその毒力を抑制できる免疫力をもつと考えられている。SARSは、コウモリ→ハクビシン→ヒトと伝わって発症し、新型コロナではコウモリ→センザンコウ→ヒトと伝播して発症したのではないかと考えられている。各動物種とヒトとの

免疫力の階層構造（ヒエラルヒー）は微妙なバランスにあり、環境放射線レベルによって変化したり崩壊したりする可能性がある。

　すなわち、放射線被曝や大気・環境汚染による、環境ホルモンや抗生物質や免疫調整剤など医薬品の濫用による、動物界・人類全体の免疫システムの能力低下やバランスの崩れ、免疫機能弱化や不全を、直接的健康影響とあわせて考慮する必要がある。しかも、この場合、免疫力の強い動物種から弱い動物種への伝播にともなって、ウィルス自身が独自の変異をしながら拡散して行くと考えるべきであろう。

第5節　新型コロナウィルス生成と疑われる中国の放射能汚染

　今回の新型コロナウィルスが中国・武漢の研究所から流出したという疑惑は大いに喧伝されている。だが、その発生が中国核実験や核兵器工場再処理工場などによる放出放射能との関連があるのではないかという、当然生じてくる疑惑には、なぜか無視のカーテンが降ろされているようだ。

　問題は、なぜ中国で、SARS（悪性急性肺炎）や、鳥インフルエンザ、豚コレラ（豚熱）に続いて新型コロナウィルスなど、次々と新種のウィルスが何度も何度も生じてくるのか、その客観的な条件は何なのかという点である。

［核実験の残留放射能］

　このことを考えていく上で一つの鍵となるのは、中国が新疆ウイグル自治区ロプノール地区（武漢からおよそ2500キロの距離しかない）で繰り返し行ってきた原水爆実験（1964年から、水爆は1967年〜 1996年まで合計45回、うち大気圏内は23回）との関連である。中国の大気圏核実験の総爆発出力は、およそ20メガトンであったと考えられ[18]、広島原爆換算でおよそ1250発分という莫大な規模である。

［中国の核兵器製造・原発関連産業・再処理工場の集積と放射能放出］

　もう一つの鍵は、核兵器工場・再処理工場・核関連研究機関などによる環境放射能放出がウィルス変異を促進した可能性である。中国の核兵器工場・再処理工場・核関連研究機関は、米軍による攻撃に対抗するという軍事上の理由から中国の内陸部に、武漢が省都である湖北省のとなりの四川省に集中しているとされる[19]。したがって、放射性物質を含んだ排液や廃棄物は、放出されて揚子江に流入していると推定される。

※18　Wikipedia「中国の核実験」では、数字が挙がっている地上核実験の総出力が17.5メガトン（出力不明が1回あるが、そのすぐ前の実験が2.5メガトンなのでこれを加えた）。

※19　Atomica「中国の核燃サイクル」参照

排出された放射性物質は、放射性のガスや微粒子としても、西風に乗り、武漢のある湖北省にも、長期にわたり飛来し沈着していたものと考えられる。黄砂の飛来コースはこのことを示唆している[20]。

　また中国は、現在、原発の建設と稼働を急速に進めており、年間5〜8基を新規着工し、2030年には原発の発電量を現在の2倍にする計画という。2022年にフランスを抜き、2026には米国をも抜く想定という[21]。それが放出するトリチウムや希ガス、放射性微粒子の量も加速度的に増えていると考えられる。揚子江流域の内陸部に建設された原発では、液体トリチウムを含め排水は揚子江に流されているものと推定される。

［動物と人間の特殊に密接な交流］

　中国においては、食材や漢方薬原材料として、動物と人間との特別に密接な関係があり、ウィルス感染での交流関係があることは広く知られている。すでに述べたように、環境中の放射線濃度の上昇は、ウィルス自体の突然変異速度の上昇とともに人間と動物世界両方への免疫力を低下あるいは異常な免疫反応を生じさせ、動物間での感染と動物から人間への感染、人間から人間への感染の両方を起こしやすい条件があったと考えるべきであろう。こうして、中国武漢では、ウィルス・動物・人間の全側面から新型の変異ウィルスや細菌による爆発的な感染のリスクが高まっていた可能性が十分考えられる。

※20　藤田慎一ら『越境大気汚染の物理と化学 2訂版』成山堂書店（2021年）第12章参

※21　たとえば、サンケイビズ「中国、原発世界一の野望堅持　最大の脅威は他の〝クリーンエネルギー〟」ブルームバーグ 2020年6月29日
https://www.sankeibiz.jp/macro/news/200629/mcb2006291035010-n1.htm

　ここではざっと概括するだけにとどめるほかないが、温暖化と熱帯雨林の破壊が、熱帯や亜熱帯のジャングルや森林の条件で生息する病原体・ウィルスなどを活性化させ、他方温暖化により、これらが今までの温帯や世界の都市部などに拡大する危険がかねてから指摘されてきた。

　また、温暖化による永久凍土や氷河の融解によって、その中に封じこめられていた古ウィルス・古細菌が再活性化したり再感染したりする危険性もまた注目されてきた（ロシア永久凍土地帯での融解による75年前の炭疽菌による死亡例や、スイスでの融解氷河水からの1918年「スペイン風邪」ウィルスの発見など）。

　現存のウィルス・細菌とこれら再活性化ウィルス・細菌との相互作用のリスクも指摘されており、これによる今までになかった有害・危険な病原体の出現の危険も現実のものとなっている。

　その他の社会経済的要因については、この数十年の社会的格差のかつてない拡大、広範な労働者・勤労人民の貧困化、労働条件・住宅条件・生活条件・栄養条件の悪化、それらが広範な人々の健康状態の全般的な低下をもたらしていることが重要である。他方では、経済と社会のグローバル化により、ウィルスや疾患の世界的伝染の速度と範囲が顕著に加速化している。こうして、一握りの帝国主義諸国（米、中、欧州、そして日本も含む）による広範な途上国の搾取体制が、途上国での労働者・人民の劣悪な生活条件をもたらし、医療体制の脆弱性と相俟って、ワクチン配分をテコとした途上国支配が進む一方、途上国にウィルス変異の「温床」を生みだしている。世界の製薬独占体の支配が、急ごしらえのワクチンによる莫大な利益と、その反面として、一般公衆向け医療の切り捨て、公衆衛生機構への投資不足、結果としての感染症対策の脆弱化をもたらしていることだけを特記しておこう。

［環境中の放射能レベルの上昇と気候変動の加速］
原発や再処理工場などの稼働や事故に伴うトリチウムや放射性希ガス（と

りわけクリプトン85やキセノン133)、さらにはヨウ素131やセシウム134/137の微粒子などの放出が、気候変動過程に影響を及ぼし、気候循環の攪乱を促進している点についても、ここでは論じることができなかった。少なくとも、環境中のトリチウム水蒸気濃度上昇による霧[※22]の発生頻度の増加の傾向や、クリプトン85の大気中濃度の上昇による大気の電気組成の変化（電気絶縁度の低下）がもたらしうる、降雨の増加、雷雨・落雷の頻度の増加、山火事や土壌火災の増加、異常気象などの現象[※23]について、すでに指摘あるいは報告されている。この点だけは、今後への課題として、特記しておきたい。

※22 「消えないモヤの正体はいかに？」『週刊プレイボーイ』2015年10月25日
※23 グリンピース・ジャパン「六ヶ所核燃料サイクル施設周辺の環境放射線調査報告　再処理工場運転開始前」
　　http://www.aec.go.jp/jicst/NC/tyoki/sakutei_youbou/38.pdf
　　「北極圏の雷が倍増する、環境を激変させる不吉な予測」National Geographic 2021年4月15日記事
　　https://natgeo.nikkeibp.co.jp/atcl/news/21/041300179/
　　「気候変動で増える北極圏のゾンビ火災、無視できない理由」National Geographic 2021年4月15日記事
　　https://natgeo.nikkeibp.co.jp/atcl/news/21/052100249/

■ 第7節　必然的な帰結

――パンデミックの「反復性」、他の感染症との相互的活性化、高毒性レトロウィルスの活性化などの危険性

　これらの分析からいくつかの重要な帰結が必然的に出てくる。ここでは3点だけを検討しよう。

(1) 第1は感染症パンデミックの「反復性」である。これは恐るべき帰結であるが、すでに多くのウィルス感染症学の専門家がこれを予測している。

　全ての核兵器開発を止め、核兵器を全廃し、原発稼働を止め、原発を全廃し、再処理を止め、環境中への放射能の放出を止め、環境破壊・森林破壊を止め、二酸化炭素放出だけでなく大気汚染物質放出を抜本的に削減し、再生可能エネルギーに転換しなければ、すなわちいま根本的対策をとらなければ、必然的に何度も繰り返される可能性が高いということである。繰り返しになるが、現状の環境中の放射能・放射線レベル、環境汚染・大気汚染レベル、温暖化を放置すれば、変異ウィルスによるパンデミックは、ワクチンの効果がどの程度あろうが、治療薬が開発されてもされなくても、何度も繰り返し襲ってくる結果を避けることができない。

　ジャーナリストの井田徹治氏は最新刊で「第二、第三のパンデミックのリスクを減らすために何をするべきなのかを世界は真剣に考える必要がある」と書いている（『次なるパンデミックを回避せよ　環境破壊と新興感染症』岩波書店 [2021年] の「はじめに」）。井田氏は「新型コロナウィルスのようなパンデミックと過去50年ほどの間に急速に進んできた地球規模での環境破壊との関連である」と指摘している。ただ井田氏の言う環境破壊の中には放射能汚染は含まれていないが。井田氏は、この観点から、「将来のパンデミックのリスクを減らす」ためには「自然を守り、生物多様性の消失に歯止めを掛ける」ことが必要だと強調している（前

掲130ページ）が、その通りであろう。

　だが、井田氏の予測する「第二、第三のパンデミック」が現在のコロ
ナ感染症（COVID-19）と同じような病態を発現し同じような経過をたど
るとは限らない。現在のCOVID-19が広範囲で長期的な後遺症をもたら
すことが徐々に明らかになってきているように、今後に予測されるパン
デミックは、全く新しい、発症形態や病態や経過を辿るであろうと考え
るべきであろう。それは予測不可能である。

(2)　専門家が警告している今後に向かってのもう一つの危険は、今回のよ
うなウィルスによるパンデミックが、人間の他の感染症への易罹患性
（罹りやすさ）を高め、他方では既存の他の細菌や微生物を活性化し、相
互作用として人間の健康に全体的な毒性影響を及ぼす可能性である。た
とえば、コロナパンデミックにより、カビの一種である真菌感染症が活
性化し、ステロイドなど免疫抑制剤を使用した患者に感染を拡大してい
るという[24]。また公衆衛生学が専門の高鳥毛敏雄関西大学教授は、パン
デミックにより今後感染拡大を警戒すべき疾患として結核（日本では他の
先進諸国に比べて罹患率が2倍以上高い[25]）の危険性が高まると指摘してい
る（本行忠志元大阪大学教授より筆者への個人メール）。そのほかには、コロ
ナ感染によって、RSウィルスやインフルエンザウィルスなどの感染症
も危険性が高まると予測されている。

(3)　さらに考えられる帰結は、今後のウィルス変異によって高毒性のレト
ロウィルス（HIVのようなDNA自体を書きかえる逆転写ウィルス）が活性化
し、レトロウィルスによるパンデミックが生じる危険である。コロナパ
ンデミックに関して出版された最新刊において、ウィルス学者の宮沢孝
幸氏は、レトロウィルスの変異の可能性に注目している。宮沢氏によれ
ば、放射線や宇宙線によってレトロトランスポゾン（レトロウィルスと
同じような逆転写機能を果たす可動的な遺伝子）が活性化するという現象が
確認されているという。つまり、今後、ウィルス一般の変異だけではな
く、HIVのようなゲノムDNAを書きかえるようなレトロウィルスの変
異、とりわけ生殖細胞に遺伝子を書き込むようなレトロウィルスの変異

---

[24]　「人を襲うカビ　真菌感染症──CIVID-19で高まるリスク」『日経サイエンス』2021年9月号
[25]　ニューズウィーク日本版『COVID-19のすべて』

ウィルスが生じ活性化してくる可能性に注目しなければならないという。

　また宮沢氏は、環境放射線（宮沢氏は γ 線バーストなど宇宙線を挙げているが）によるレトロウィルス（レトロトランスポゾン）の活性化の可能性を、ヒトの精子数の減少や運動強度の弱化などヒトの生殖能力（生殖率）の低下が現実に進んでいる事実（われわれが第1章で指摘した）とともに、人類の「絶滅」（宮沢氏の表現）への接近の徴候と一体のものとして提起している（宮沢前掲書第7章）。もちろんこのような提起は単純化や短絡的との批判を招くであろうが、放射能汚染や環境汚染の現状を考えるとき宮沢氏の問題提起は極めて示唆的である。

■ まとめ

――原発・核戦争準備・放出放射能と共に人類滅亡への道を転落していく
か、原発をやめ核兵器を全廃し、環境放射能汚染を止めていくのか

　将来への観点から以下の3点をあわせて強調したい。

　第1点は、すでに1950 〜 60年代から多くの科学者によって指摘され警告
されてきた「バイオ世界大戦」の危険性である。つまり、ウィルス・細菌を
兵器として使用する戦争であり、それは必然的に世界戦争にならざるを得な
い。今回のコロナ禍をそうだとする考え方には無理があろう。だが、実際的
には、救急対応、医療資源・人材の動員、ワクチンの獲得競争や接種競争な
ど、ウィルスを利用した事実上の帝国主義戦争の側面があることは疑いの余
地がない。中国は、現在までのところ、アメリカの犠牲者数（現状で61万人）
が、自国の死亡者数（公表5000人弱）に比較して圧倒的に多いことを、どう
解釈するだろうか？

　第2点は、われわれの本来の論点である環境中の放射線レベルの歴史的上
昇が持続しさらに加速する危険性である。広島・長崎への原爆投下、核実験
とりわけ地上・大気中核実験、核兵器製造、原発の通常稼働（とりわけトリ
チウム、希ガス、炭素14、さらにはヨウ素131、放射性セシウム微粒子など）、再処
理工場の稼働（とりわけトリチウム、プルトニウム）、繰り返される原発事故・
核事故（とりわけチェルノブイリと福島原発事故）、さらには非電離放射線であ
る環境電磁波レベルの上昇（携帯電話、同基地局、高圧送電線、家庭内配線など）
など、核実験以前との比較で、環境中の放射線濃度は明らかに高まってい
る。第1章で見たように、トリチウムベースで見て、大気中トリチウム量が
核実験以前の最低でも1000倍以上になった状態が持続し、さらに世界中の
原発と再処理工場から、宇宙線による自然界での年間生成量（約70PBq）に
近い量（筆者推計で約50PBq）が毎年放出されていると考えられる。国際エネ
ルギー機関（IEA）のシナリオでは、原発による発電量は新興諸国を中心に

現状（2020年）の2倍になることが想定されており[26]、その場合の原発・再処理工場からのトリチウム放出量（約100PBq）は、自然界での年間発生量（約70PBq）を1.43倍とかなり上回ることになるであろう。

　現在、問題になるのは、原発と再処理工場がトリチウムの大量放出を続けていることに加えて、現状ではさらなるチェルノブイリや福島原発事故のような核事故・原発事故が避けられそうもないが、それによりトリチウムや放射性物質がさらに大量に放出されるであろうということである。

　中国の最新鋭台山原発（仏フラマトムとの合弁）からの放射性ガス漏れ事故[27]は、中国における深刻な原発事故が迫っているのではないかという疑惑を全世界に広げた。報道では、漏れた放射性ガスは放射性希ガス（キセノン133とクリプトン85）とされているが、トリチウムも含まれると思われる。

　日本においても同じである。関西電力の美浜原発3号機は40年を超えて運転を開始したが、すぐに非常用設備に異常が生じ、本格稼働に遅れが生じる事態となった[28]。だが関電は予定を1日遅らせただけでフル稼働を強行した[29]。つまり、非常用設備の異常があっても、まともな設備点検や安全チェックを行わないまま、本格稼働を急いだわけである。

　確かにこれは小さい事実かも知れない。だが関電は、それによって、再稼働が事故の発生を半ば前提として進められていること、40年以上の原発を60年まで延長稼働するという方針が、さらには60年を超えて80年、結局のところ「事故を起こして使えなくなるまで遣い潰す」方針に過ぎないことを、いわば自己暴露した。

　原子力規制委員会は2020年2月に発覚していた日本原燃による敦賀2号機の地質データの「書き換え」問題に対し、ようやく審査を中断するという処分を下した。日本経済新聞は、これに関連して、原発の管理に関する不祥事の主要なものをリストアップしている（表5-3）。しかも、電力会社も原子力

※26　日本経済新聞2021年8月19日号「東欧原発　米中仏ロ競う」
　　　https://www.nikkei.com/article/DGKKZO74904050Y1A810C2FF8000/?unlock=1
※27　「中国原発、放射性ガス漏れか」日本経済新聞2021年6月15日
　　　https://www.nikkei.com/article/DGKKZO72891730V10C21A6EAF000/
※28　「美浜原発　設備に異常」日本経済新聞2021年7月3日
※29　共同通信2021年7月4日「美浜の40年超原発、フル稼働に」
　　　https://news.yahoo.co.jp/articles/def99f0336b2b9bd45c0f91a14202195bc002d33

表 5-3　電力事業者の主な不祥事（日本経済新聞による）

	内容	結果
日本原電	2020年に敦賀原発の地質データの無断書き換えが発覚	安全審査を一時中断
東京電力	2020年度に柏崎刈羽原発でテロ対策不備が発覚	核燃料の移動禁止命令
関西電力	2019年に原発を巡る金品受領問題が発覚	福井県との再稼働に向けた議論に影響
中国電力	2021年に原子力規制庁に借りたテロ対策関連文書の誤廃棄が発覚	安全審査とは別に事実関係を調査

出典：日本経済新聞 2021 年 8 月 19 日
https://www.nikkei.com/article/DGXZQOUA1817Y0Y1A810C2000000/

規制当局も政府も立地市町村も立地県も周辺府県も、原発を巡る管理のずさんさに対してだれも責任を取ろうとしていない。事故リスクをわかって、見て見ぬ振りをし再稼働を推進している。しかも、これは、自滅に向かう大きな流れの中の小さな実例の一つに過ぎない。

　第3点は、原発の稼働によって電力会社や原発関連企業が獲得すると思われている莫大な「利潤」は、実は人為的に作り出された会計上の「操作」にすぎず「架空」の「幻想」にすぎないということである。「儲け」は、使用済核燃料や放射性廃棄物などの本来は「核のゴミ」という「将来コスト」を会計的処理により「価値物」として評価した「幻の資産」「会計上の錬金術」（経済学では「空資本」「架空資本」と呼ばれる）にすぎない。資産化された「核のゴミ」はすでにおよそ3兆円という莫大な額に上っている（表5-4参照。データは2016年のもの。「核燃料」とくに「加工中等」の項が該当すると考えられる）。

　しかも、核のゴミが会計上で資産扱いを受けそれが電力会社の原発稼働による利潤の源泉となっていることは、池上彰氏のベストセラー『知らないと恥をかく世界の大問題4　日本が対峙する大国の思惑』角川マガジンズ（2013年）などで取り上げられており、よく知られている「はず」である。だが、マスコミがこの点を取り上げることはほとんどない。ここでも「無意識のバイアス」による「知らないふり」に支配されているのである。

　以上指摘してきた諸点をまとめてみると、落合栄一郎氏が注目している、E・F・シューマッハー氏の発言に行き着くであろう。シューマッハ氏は、1973年という早い段階で原子力の「平和利用」を「救い」ではなく「呪い」

表5-4 電力各社の原子力発電関連の貸借対照表各項目（2016 年 3 月 31 日現在／単位億円）

	原子力発電設備	核燃料	（加工中等）	原発・燃料計	純資産合計
北海道電力	2,195	1,586	(1,586)	3,781	1,609
東北電力	2,673	1,446	(1,099)	4,119	5,658
東京電力	7,269	7,517	(6,311)	14,786	18,005
中部電力	1,732	2,339	(1,938)	4,071	13,683
北陸電力	1,616	1,084	(822)	2,700	2,972
関西電力	3,908	5,263	(4,357)	9,171	7,420
中国電力	901	1,586	(1,515)	2,487	4,435
四国電力	1,183	1,349	(1,349)	2,532	2,724
九州電力	2,650	2,832	(2,133)	5,482	3,852
日本原電	1,260	1,160	(1,002)	2,420	1,608
10社合計	25,387	26,162	(22,112)	51,549	61,966
日本原燃注	—	6,742	(6,742)	6,742	5,741
合計	25,387	32,904	(28,854)	58,291	67,707

出典:各社「決算短信」の個別貸借対照表（各社単体の決算）による。網掛けは原発廃止となって関連資産が完全に償却された場合、債務超過に陥る企業。

注記:日本原燃の青森県六カ所施設に貯蔵されている核燃料の価額は、探し出すことができなかった。筆者による概算による推計値である。同社の「会社概況書」（2016 年 6 月）によると、廃棄物管理事業で受け入れ使用済み核燃料棒の累計は 1698 本、再処理事業で受け入れ累計 3389 トン U （ウラン重量トン＝約 1.103 トン、U3O8 に換算すると 3738 トン）となっている。

　朝日新聞（2016 年 2 月 28 日注1）によると、最近の MOX 燃料棒の価格は、BWR 用で 1 本約 3.4 億円、PWR 用で約 9 億円、通常用は MOX 用の 9 分の 1 とのことなので、BWR 用で 1 本約 0.37 億円、PWR 用で約 1 億円。燃料棒（集合体）の重量は、BWR 用が 1 本約 250kg、PWR 用が約 670kg なので注2、1 トン当たり約 1 億 4925 万円である。廃棄物管理事業で貯蔵されている燃料棒を、BWR 用と PWR 用が同じ割合で存在する（MOX はない）と仮定すると、約 1163 億円。再処理事業では、約 5579 億円。合計で約 6742 億円となる。

　これを加えると、日本にある使用済み核燃料の資産価額は、約 2 兆 9000 億円程度となる。「死の灰」という無限のマイナスの価値が、およそ 3 兆円の架空の虚偽の資産として計上され、この無限のコストを巨大な資産とする虚構の上に、すべての電力会社と一国のエネルギー政策の全体が構築されているのである。

(注1) 福島慎吾記者「MOX 燃料の価格、ウランの 9 倍　高浜原発で 1 本 9 億円」より
　　朝日新聞デジタル　2016 年 2 月 28 日 05 時 05 分
　　http://digital.asahi.com/articles/ASJ2V44DQJ2VPLBJ001.html?_requesturl=articles%2F
　　ASJ2V44DQJ2VPLBJ001.html&rm=777
(注2) 原燃輸送株式会社のホームページに記載されている。
　　http://www.nft.co.jp/qa/qa3.html

であると鋭く警告していた。

> 「（核戦争よりも）いわゆる原子力の平和利用が人類に及ぼす危険のほう
> が、はるかに大きいかもしれない。……放射性物質は、いったん造った
> が最後、その放射能を減らす手だてがまったくない。原子炉から出る大
> 量の放射性廃棄物の安全な捨て場所とは、一体どこであろうか。地球上
> に安全と云える場所はない。……危険は、我々だけではなく、子々孫々
> にまで悪影響を及ぼすという点なのである．……　その規模たるや人々
> の想像を超える。」（E・F・シューマッハー、小島慶三・酒井懋訳『スモール・
> イズ・ビューティフル』講談社学術文庫［1986年］第4章より）

「核のゴミ」というこの廃棄されるはずの放射能は、原発推進勢力の支配
の下で、人々の観念の中で「価値」に転化し、「自己増殖する価値」である
「資本」として「自己増殖」していく。だがこのことは、何万年何十万年も
の将来への危険な「核のゴミ」が止めどもなく「蓄積」していくことを意味
する。それが、一握りの原発関連企業──広範な裾野を持ち一国経済の中で
未だ支配的な地位にある──の利益に、利潤に、財産に、資本になるのだ
から、人々はその「からくり」を薄々感じながらも、無意識のうちに、この
「錬金術」によって「資産化」された「核のゴミ」への「物神崇拝」（カール・
マルクス）に陥り、ひれ伏すわけである。

　人類は、未来の世代へ、「放射性廃棄物」というほとんど無限の「負債」「コ
スト」、現在と将来の被曝による健康影響と病気と致死の無際限の「危険」「リ
スク」を、「資本」として、経済学的には「架空資本」として積み上げ、積
み残そうとしているわけである[30]。

　先人たちが指摘してきた「核の平和利用」の「呪い」そのものであり、自

※30　これらの点に関しては、ここで論じることはできないが、以下のサイトを参照いただきたい。
　　渡辺悦司「原発再稼働の経済と政治──経済産業省専門家会議『2030年度電源構成』の分析と批
　　判」　市民と科学者の内部被曝問題研究会ホームページに掲載
　　http://blog.acsir.org/?eid=43
　　http://blog.acsir.org/?eid=44

滅へと突き進む人類の愚かさの極致であろう。

　矢ヶ崎克馬氏は、このような現状を「知られざる核戦争」として特徴付けている[31]が、まさしく至言である。

　第三次世界大戦は「すでに始まって」おり、「私たちが気づかないだけ」のこの世界戦争は「私たちの子供や子孫を破滅させる戦争」であるという、有名なドイツのファンタジー作家ミヒャエル・エンデの言葉[32]もまたまさにぴったり当てはまる。

　ここで本来のテーマに戻ろう。

　たしかに、個々の新しく生じたウィルスや細菌は、ウィルスや治療薬の開発・投与によって克服されるかもしれない。だが、パンデミックの根本原因──温暖化の進行だけでなく放射能と有害化学物質による環境汚染──に手を付けない限り、パンデミックの反復の危険は減らないし克服できない。再生可能自然エネルギーの利用による原発の世界的規模での全廃や、核兵器の廃絶、それによる環境への放射能汚染の停止、火力発電や工場などからの二酸化炭素と有害化学物質の放出の削減と停止によってしか、一言で言えば、二酸化炭素の放出を削減するだけでなく、環境中でウィルスや微生物の遺伝子変異を加速する環境放射線レベルを下げ、環境破壊や環境汚染のレベルを下げるしか、この自滅への「悪魔的なサイクル」に対する根本的解決策はない。

　「密林の聖者」と呼ばれた偉大な医師であり、神学者で哲学者、オルガン奏者で音楽学者でもあったアルベルト・シュバイツアー博士は、最近その「名言集」で再び注目されているが、世界の原水爆禁止運動の重要な参加者の一人として、核実験の危険性に対して鋭い警告を人類全体に対して発していた。博士が言及している「核爆発」「核実験」を、原発や再処理工場の稼働や事故によるトリチウムをはじめとする日常的かつ断続的な「放射性物質の環境放出」、核兵器の開発・製造およびあり得べき使用による「放射能放出」と読み替えれば、博士の警告は恐るべき正確さをもって現在にぴったりと当てはまる。

※31　矢ヶ崎克馬「原発事故に猛威を振るう『知られざる核戦争』」『東京五輪がもたらす危険』緑風出版（2019年）所収
※32　『エンデのメモ帳』岩波書店（2013年）212ページ

「……（放射能の）子孫に対する影響はただちに現れず、100年、200年の後になって現れるものである。

　われわれは核爆発による放射性元素の発生により現在の危険がさらに増大することは、人類に対する破滅であると考えざるをえなくなっている。この破局を全力をあげて阻止しなければならない。われわれは後世子孫に影響を及ぼす恐れがある事態について、責任を負うことができないという理由からしても、阻止に全力を挙げなければならない。われわれの子孫は人類がこれまで直面しなかったほどの最も恐ろしい危険に脅かされている。人類が作り出した放射能とその結果生じる事態を等閑視すれば、人類は後刻恐ろしい代価を支払わねばならなくなろう。われわれはいまその愚かさを重ねている。

　事態が手遅れになるまで、われわれの声が揃わないということであってはならない。われわれは現在陥っている愚かさから抜け出るための洞察力と真剣さ、さらに勇気をもたなければならない。」[33]

———————————
※33　アルベルト・シュバイツァー「核実験は人類を破滅に導く」『第三回原水爆禁止世界大会討議資料　人類の危機と原水爆禁止運動　第二分冊』原水爆禁止日本協議会（1957年）272〜273ページ、原文は『中央公論』1957年7月号所収。

あとがき

　2021年の4月に政府が汚染水の海洋放出を決定したことに対して、われわれは、汚染水放出に反対するための手引きとなるような、トリチウムの危険性と汚染水の放出の危険性についての一般読者向けの、概括的でやさしくわかりやすい解説書が必要と考えた。緑風出版の高須次郎さんに提案したところ、すぐに快諾され、これが今回の出版の契機となったことを記しておきたい。著者一同、高須さんの決断に深く感謝を捧げたい。また、内容上も、高須さんや編集部の皆さまからいろいろのアドバイスをいただき、大変役立った。また、急いで編集、組み版や出版作業を進めてくださった、高須ますみさん、斉藤あかねさんに感謝したい。

　本書の執筆に当たって多くの方々のお世話になった。落合栄一郎さん、本行忠志さん、森永徹さん、児玉順一さん、藤岡毅さん、山内知也さん、斉藤武一さん、西尾正道さん、矢ヶ﨑克馬さん、田中一郎さん、水戸喜世子さん、沢田昭二さん、松井英介さん、中須賀徳行さん、大沼淳一さん、伴英幸さん、温品淳一さん、日野川静枝さんほかの方々である。たんぽぽ舎には本書第2章の報告を再掲することを快諾していただいた。皆様に心より感謝申し上げる。

　2021年11月13日福島県いわき市小名浜で「汚染水を海に流すな！ 海といのちを守る集い」が開かれた。子育て中の母親や漁業関係者、学者たちがリレートークで「汚染水を海に流すのは許せない」「これ以上汚さないで」などと想いを口にした。福島の市民団体「これ以上海を汚すな！市民会議」（織田千代、佐藤和良共同代表）の主催。海外からもメッセージが寄せられ、佐藤共同代表は改めて地下水の止水とタンク貯蔵を訴え「あきらめず撤回させよう」と呼びかけた。（民の声新聞11月15日）。自分たちが慣れ親しんだ海水浴の喜びを知らない子ども達のためにも現在の大人が全力を尽くしてきれいな海を守りたいとお母さん達が次々マイクをとって涙を浮かべて必死に訴えた。

　このように、政府の海洋放出の無謀な決定後も海洋放出に反対の声が、福島

県をはじめ世界中でいっそう高まっている。この小著がそのような運動の発展に少しでも役に立てば著者一同のこれ以上の喜びはない。

　特に福島原発事故被害は農業、漁業、林業を通して労働者被曝の形で、内部被曝の形で全国、世界に広範に広がっている。歴史学者ケイト・ブラウン氏のチェルノブイリの報告ではチェルノブイリでも食品を通じて広範な被曝被害が見られると言う。

　最後に、今回のような環境中への人工放射能の放出を阻止していく闘いには、一つ一つは部分的で地方的なものと思われるかも知れないが、「全人類の生存」がかかっているという点を特記して終わりたい。放射線被曝科学の根本問題の1つは、被曝の量が小さくともその生態系への影響・人間への影響・継世代への影響が、次々に「蓄積されていく」という点にある。これは、地域的にも国別でも全地球的にも同じである。放射能そのものの環境中への蓄積についても、被曝によるDNAや生殖細胞などの変異の蓄積についても、人類だけでなくウィルスから始まり生態系全体を経て家畜やペットへといたる被曝影響の蓄積についても同じである。

　現在、「二酸化炭素の放出」と「気候変動の危機」について議論されていることは、人工の放射性物質についても当てはまる。原発や核施設はその通常稼働によって恒常的に大量の放射能を放出しているし、今後も加速度的に放出するであろう。全世界的に原発開発が進み、原発事故・核事故が今後も持続して生じていけば、本書で強調してきたように、現在のレベルで、とりわけ現在の増加ペースで、トリチウムや炭素14などの人工放射能の環境中への放出が続いて行けば、さらには、核兵器開発が進み、不幸にも「使える核兵器」による核戦争が生じることがあれば、自然環境中への放射能放出とそれによる生物・人間の被曝は桁違いの規模で生じるであろう。

　現在、文字通り環境中への放射能・被曝影響の蓄積による人類の死滅を避け得るかどうかという決定的な分岐点にある。汚染水の海洋放出の問題はこの点で特別の意味を持っている。とくに、若い人々に、この点を訴えて終わりたい。

著者一同　2021年11月19日

[著者略歴]

渡辺悦司（わたなべ　えつじ）
　1950年香川県高松市生まれ。大阪市立大学経済学部大学院博士課程単位取得。マルクスの恐慌・危機理論と第二次大戦後の資本主義の経済循環、太平洋戦争下日本の戦時経済動員などを研究。民間企業勤務の後、早期定年退職。語学学校にて翻訳および技術翻訳講師。
　共著『原発問題の争点』（2012年）、『放射線被曝の争点』（2016年）『東京五輪がもたらす危険』（2019年）いずれも緑風出版を分担執筆。

遠藤順子（えんどう　じゅんこ）
　1959年北海道釧路市に生まれる。室蘭工業大学工業化学科卒。1992年弘前大学医学部卒。内科医。日本核医学会PET核医学認定医、日本医師会認定産業医。現在、津軽保健生活協同組合・健生病院非常勤医師。市民団体「六ヶ所村の新しい風」共同代表。
　共著『環境・地域・エネルギーと原子力開発〜青森県の未来を考える〜』（弘前大学出版会）の第3章「内部被曝について—放射線科学の歴史から紐解く—」『放射線被曝の争点』緑風出版（2016年）を分担執筆。

山田耕作（やまだ　こうさく）
　1942年兵庫県小野市に生まれる。大阪大学大学院理学研究科博士課程中退。東京大学物性研究所、静岡大学工業短期大学部、京都大学基礎物理学研究所、京都大学大学院理学研究科に勤め、2006年定年退職。京都大学名誉教授。理学博士。専門は理論物理学。『電子相関』『凝縮系における場の理論』（いずれも岩波書店）などを著し、磁性や超伝導に関する理論を専門分野とした。市民と科学者の内部被曝問題研究会会員。
　原発・環境問題の著書としては以下の共著がある。『環境危機はつくり話か』(2008年、緑風出版)、『原発問題の争点』(2012年、緑風出版)、『福島への帰還を進める日本政府の4つの誤り』（2014年、旬報社）『放射線被曝の争点』（2016年、緑風出版）などを分担執筆。

汚染水海洋放出の争点──トリチウムの危険性

| 2021 年 12 月 20 日　初版第 1 刷発行 | 定価 2700 円 + 税 |
| 2023 年 10 月 10 日　初版第 2 刷発行 | |

著　者　渡辺悦司、遠藤順子、山田耕作 ©
発行者　高須次郎
発行所　緑風出版
　　　　〒 113-0033　東京都文京区本郷 2-17-5　ツイン壱岐坂
　　　　［電話］03-3812-9420　［FAX］03-3812-7262［郵便振替］00100-9-30776
　　　　［E-mail］info@ryokufu.com［URL］http://www.ryokufu.com/

装　幀　斎藤あかね
制　作　R 企 画　　　　　印　刷　中央精版印刷・巣鴨美術印刷
製　本　中央精版印刷　　　用　紙　中央精版印刷・巣鴨美術印刷　　　E1000

放射線規制値のウソ
真実へのアプローチと身を守る法

長山淳哉著

四六判上製　一八〇頁　1700円

福島原発による長期的影響は、致死ガン、その他の疾病、胎内被曝、遺伝子の突然変異など、多岐に及ぶ。本書は、化学的検証の基、国際機関や政府の規制値を十分の一すべきであると説く。環境医学の第一人者による渾身の書。

プロブレムQ&A
むだで危険な再処理
[いまならまだ止められる]

西尾　漠著

A5判並製　一六〇頁　1500円

高速増殖炉開発もプルサーマル計画も頓挫し、世界的にみても危険でコストのかさむ再処理はせず、そのまま廃棄物とする直接処分が主流になっているのに、「再処理」をなぜ強行しようとするのか。本書は再処理問題をQ&Aでやさしく解説。

プロブレムQ&A
どうする？　放射能ごみ
[実は暮らしに直結する恐怖]

西尾　漠著

A5判並製　一六八頁　1600円

原発から排出される放射能ごみ＝放射性廃棄物の処理は大変だ。再処理をするにしろ、直接埋設するにしろ、あまりに危険で管理は半永久的だからだ。トイレのないマンションといわれた原発のツケを子孫に残さないためにはどうすべきか？

なぜ脱原発なのか？
[放射能のごみから非浪費型社会まで]

西尾　漠著

A5判並製　一七六頁　1700円

暮らしの中にある原子力発電所、その電気を使っている私たち……。原発は廃止しなければならない、増え続ける放射能のごみはどうすればいいか、原発を廃止しても電力の供給は大丈夫か——暮らしと地球の未来のために改めて考えよう。

低線量内部被曝の脅威
[原子炉周辺の健康破壊と疫学的立証の記録]

ジェイ・M・グールド著／肥田舜太郎他訳

A5判上製　三八八頁　5200円

本書は、一九五〇年以来の公式資料を使って、全米三〇〇よの郡の内、核施設に近い約一三〇〇郡に住む女性の乳癌リスクが極めて高いことを立証して、レイチェル・カーソンの予見を裏付ける。福島原発災害との関連からも重要な書。

核燃料サイクルの黄昏
クリティカル・サイエンス2

緑風出版編集部編

A5判並製　二四四頁　2000円

もんじゅ事故などに見られるように日本の原子力エネルギー政策、核燃料サイクル政策は破綻を迎えている。本書はフランスの高速増殖炉解体、ラ・アーグ再処理工場の汚染など、国際的視野を入れ、現状を批判的に総括したもの。

◎緑風出版の本

■ 全国のどの書店でもご購入いただけます。
■ 店頭にない場合は、なるべく書店を通じてご注文ください。
■ 表示価格には消費税が加算されます。

原発問題の争点
内部被曝・地震・東電

大和田幸嗣・橋本真佐男・山田耕作・渡辺悦司共著

A5判上製
二五二頁

3000円

福島事故の健康影響は増大している。本書は、放射性微粒子の危険性と体内に入ったセシウムやトリチウム等の影響を明確にすると同時に、汚染水問題や「健康被害はない」と主張する学界への批判を通して、原発事故の恐ろしさを検証する。

放射線被曝の争点
福島原発事故の健康被害は無いのか

大和田幸嗣・橋本真佐男・山田耕作・渡辺悦司共著

A5判上製
二二八頁

3000円

3・11以後、福島で被曝しながら生きる人たちの一人である福島原発告訴団団長の著者。彼女のあくまでも穏やかに紡いでゆく言葉は、多くの感動と反響を呼び起こしている。本書は、現在の困難に立ち向かっている多くの人の励ましとなる。

放射能に負けないレシピと健康法

渡辺悦司／遠藤順子／山田耕作著

A5判並製
八八頁

2800円

福島第一原発からの放射能放出は、今も続いている。こうした現状では、福島の人びとをはじめ私たちが健康に生きていくためには放射能被曝を常に意識し、身を守る方法を身につけねばならない。本書は、そのためのレシピや解毒の方法だ。

放射能は人類を滅ぼす

大和田幸嗣著

A5判上製
一九六頁

2800円

放射能は一度コントロールの効かない条件下で拡散してしまったら、完全な除染が不可能な代物である。そして最終的には命まで脅かす。本書は「放射能安全神話」の誤りと、体制側がいかに真実の隠蔽を図っているかを検証している。

東京五輪がもたらす危険
いまそこにある放射能と健康被害

落合栄一郎著

A5判並製
三一二頁

2800円

東京オリンピックへの福島原発事故の影響は「アンダー・コントロールされている」という安倍元首相の発言が、いかに誤りであるかを科学的・医学的に明らかにしている。危険を

東京五輪の危険を訴える市民の会編著

A5判上製
一九六頁

1800円

警告し、開催に反対する科学者・医師・市民の声！